城市地下空间综合利用实践

李永飞　李良慧　刘鹏亮　**主编**

中国海洋大学出版社
·青岛·

图书在版编目（CIP）数据

城市地下空间综合利用实践 / 李永飞，李良慧，刘
鹏亮主编 . -- 青岛：中国海洋大学出版社，2025. 6.
ISBN 978-7-5670-4170-7

Ⅰ . TU94

中国国家版本馆 CIP 数据核字第 2025T1G737 号

CHENGSHI DIXIA KONGJIAN ZONGHE LIYONG SHIJIAN
城市地下空间综合利用实践

出版发行	中国海洋大学出版社	
社　　址	青岛市香港东路 23 号　　　　邮政编码　266071	
网　　址	http：//pub.ouc.edu.cn	
出 版 人	刘文菁	
责任编辑	由元春　　　　　　　　　**电　　话**　15092283771	
电子信箱	94260876@qq.com	
印　　制	青岛国彩印刷股份有限公司	
版　　次	2025 年 6 月第 1 版	
印　　次	2025 年 6 月第 1 次印刷	
成品尺寸	185 mm × 260 mm	
印　　张	11	
字　　数	260 千	
印　　数	1 ~ 1000	
定　　价	59.00 元	
订购电话	0532-82032573（传真）	

发现印装质量问题，请致电 0532-58700166，由印刷厂负责调换。

编 委 会

前 言

　　青岛市珠江路连通项目是青岛市城市更新和城市建设三年攻坚行动重点项目，其连通范围西起江山路、东至太行山路以西，由中国石油大学（华东）校区中心横穿而过，为涵盖地下道路、地下停车场和地下游泳馆的大型综合地下空间开发项目。该项目是西海岸新区首个校地共建市政设施项目，项目总投资 8.16 亿元。

　　作为"向地下要空间"的有力践行，该项目采用高效集约用地模式，其浅埋盖挖法地下隧道为全国最长盖挖法城市隧道；在中国石油大学（华东）地面空间极为紧张的情况下，挖掘校园中心绿地及体育场西侧绿地下方地下空间，拓展建设大型地下停车场及高标准游泳馆；其地下游泳馆为山东省高校中建设标准最高的全地下大型游泳馆。

　　本书以珠江路连通项目为例，从以下几个方面详细介绍城市地下空间综合利用的设计要点。

　　1. 道路项目

　　道路总长为 1.6 km，过中国石油大学（华东）段采用浅埋盖挖法地下隧道形式进行下穿。地下隧道总长为 997 m，结构宽度为 21 m，双向四车道，为全国最长盖挖法城市隧道。

　　2. 地下车库

　　充分利用中国石油大学（华东）校内中心广场地下空间设计地下两层停车场，建筑面积为 2.2×10^4 m²，共设置 550 个车位，彻底解决了中国石油大学（华东）多年来停车位紧张的难题。

　　3. 地下游泳馆

　　借助该校体育馆西侧绿地，高标准建设一座拥有 8 条 50 m 长泳道的全地下游泳馆。游泳馆共分三层，占地面积为 3 400 m²，建筑面积为 6 200 m²。该游泳馆建成后将面向社会开放，青岛市西海岸新区市民将共同畅享"校城融合"带来的福祉。

目　录

第一章

<<< **项目概述**

第一节 时代背景

　　根据青岛市西海岸新区综合交通规划，珠江路、长江路与滨海大道是西海岸新区重要的三条东西向主干道，是"串联新区、辐射两城"的重要交通纽带。目前，珠江路仅有中国石油大学（华东）段尚未贯通。近几年，随着新区经济的快速发展，长江路与滨海大道交通已趋向饱和，因此珠江路的打通迫在眉睫。

　　该项目已被青岛市西海岸新区政府研究多年，但一直迟迟未能落地，最主要的原因是规划珠江路线位东西向横穿整个中国石油大学（华东），将校区南北一分为二，因此获得学校的支持是该项目落地的关键。为确保项目顺利推进，经与学校多达数十轮的磋商，确定采用地道形式实施，并最终获得教育部批准。

　　近年来，青岛市西海岸新区引进高校及部分驻青高校新校区的力度在不断加大，这彰显了高校引进的"青岛速度"；同时，为了让已入驻高校能够安心办学，政府在引入高校的基础设施配套建设方面也多方布局，让属地高校来得安心、来得舒心。中国石油大学（华东）作为入驻新区有着历史悠久的重点高校，因受用地规模所限，学校服务设施滞后，停车难已成历史遗留问题；作为部属高校，中国石油大学（华东）多年来一直没有自己的游泳馆，这也成了广大师生多年的心结。在学校全体领导班子的大力支持下，该项目充分挖掘学校地下空间，为学校配建了一处大型地下停车场及一座全地下游泳馆，不仅解决了学校多年存在的问题，也充分体现了"校城融合"的政府担当。

　　该项目被列为青岛市西海岸新区 2021 年十大民生项目之首，同时也是青岛市城市更新与城市建设重点项目，获评山东省建设科技示范项目（市政项目类），其典型经验由山东省委办公厅向全省推广。

第二节　功能目标

该项目的建设将有效分担滨海大道的交通压力，提升周边到发交通疏解效率，为新区发展提供有力保障；同时，结合地下空间综合开发，实现了新区首个校地共建设施项目的成功落地，完美展示了"校城融合"的建设成就。

珠江路以地道形式横穿整个中国石油大学（华东），打通了珠江路全线贯通的关键性节点，完善了新区主干路网，同时保证了中国石油大学（华东）校区的完整性，创新了"地下＋地面""城区＋高校"的城市建设新模式。

作为"向地下要空间"的有力践行者，该项目采取高效集约用地模式，在中国石油大学（华东）地面空间极为紧张的情况下，挖掘校园中心绿地及体育场西侧绿地下方地下空间，设计了建筑面积为 2.2×10^4 m²、可容纳 550 个车位的地下停车场，以及一座占地面积为 3 400 m²、建筑面积为 6 200 m² 的全地下游泳馆。

作为青岛市城市更新和城市建设三年攻坚行动重点项目，珠江路项目的实施不仅为新区再添一条重要的城市交通走廊，让更多市民共享这座城市的发展红利，还打造了一处活力四射的"校城融合"新载体，为西海岸新区增添了新面貌。

第三节　技术标准

（1）道路性质：城市道路。

（2）道路等级：珠江路为城市主干路；华东路、黄河路为园区路。

（3）设计行车速度：40 km/h。

第四节　项目概况

该项目位于西海岸新区唐岛湾中心片区内。珠江路是西海岸新区滨海一线最重要

的三条东西向贯通道路之一，随着滨海大道、长江路交通提升改造的建设，其通行能力进一步提升。为避免前海一线过境、到发及旅游集散交通全部集中于滨海大道，近期迫切需要实现珠江路的全线贯通。

珠江路（中国石油大学区域）连通项目共包含珠江路（江山路至太行山路以西）地下道路设计、地上道路设计、地下车库和地下游泳馆四部分。该项目的范围西起江山路，东至太行山路以西，道路全长为 1 634 m，规划红线宽度为 26 m。设计方案为浅埋地道，地道长度为 997 m，设计时速为 40 km/h，道路断面为双向四车道。在珠江路地道北侧中国石油大学（华东）区域配建一处地下停车场，并在石油大学体育馆西北角配建一处拥有 8 条 50 m 长的标准泳道的地下游泳馆。

为保证片区整体开发进度，提升建设效率和质量，保障区域内业态正常运转，解决交通、给排水、停车位及游泳馆空缺等需求，我们进行了道路、结构、建筑、交通、绿化、管线、路灯项目的设计工作。

该项目为新建道路，项目范围内现状相交道路主要包括江山路、太行山路。在设计过程中，主要考虑实现规划段道路的近、远期结合；起、终点现状道路条件的研究；道路交叉处路口的渠化设计等。

第五节　工作主要创新

（1）该项目所建隧道是全国最长的盖挖法城市隧道，同时也是全国唯一一条采用盖挖法工艺横穿高校的地下道路。

该项目创新性地在中国石油大学（华东）校内采用盖挖法工艺，不仅将施工期间对 3 万师生的影响降到了最低，更重要的是避免新建道路将校园一分为二，保证了校园的完整性。

中国石油大学（华东）教学区与生活区以珠江路为界南北分布，师生日常生活、工作均需频繁穿越现状珠江路。为降低施工对学校正常教学的影响，隧道采用盖挖法工艺，利用假期完成地道顶板和学校内部道路的恢复，施工界面随即全部转入地下。地道主体项目施工时从学校外侧市政路进出，与学校完全分隔，极大地减少施工对校内环境的影响，提高了师生日常通行的安全性，保障了学校的正常运转。

（2）该项目的建设加强了青岛市区与西海岸新区东西区之间的交通联系，完善了主干路网系统。

该项目是西海岸新区滨海一线最重要的三条东西向道路之一，是"串联新区、辐射两城"的重要交通纽带，打通珠江路中国石油大学（华东）路段可以实现全线贯通，有效分担滨海大道交通压力，提升周边到发交通疏解效率，加强青岛市其他区（市）与西海岸新区间的交通联系，承担东西干道连通功能。

（3）统筹全局、勇于创新、不断突破、积极沟通协调，为项目的落地奠定基础。

西海岸新区政府对该项目已研究多年，但一直迟迟未能落地，最主要的原因是规划珠江路线位东西向横穿整个中国石油大学（华东），将校区南北向一分为二，因此获得学校的支持是该项目能否落地的关键。为确保项目顺利推进，经与中国石油大学（华东）多达数十轮的磋商，确定采用地道形式实施，并最终获得教育部批准。

（4）该项目作为"向地下要空间"的有力践行，集约高效用地模式，打破校城"壁垒"。

该项目集地下道路、车库、游泳馆于一体，涉及道路交通、建筑、结构、支护、电气、通风、管线、景观等十几个专业，是一个涵盖项目种类多、涉及专业广的大型综合地下空间项目。同时，该项目也是"向地下要空间"的有力践行。

（5）山东省高校中最高标准的全地下大型游泳馆。

该项目中的中国石油大学（华东）游泳馆是青岛市首个全地下大型游泳馆，也是山东省所有高校中唯一一个可以举行国际游泳赛事的大型游泳馆。该游泳馆设置了 8 条 50 m 长的比赛泳道，高标准设计的灯光、音响、LED 显示以及转播系统均是按国内单项比赛的最高标准配建，同时该游泳馆的建设也为市民提供了高水平的锻炼场所。

（6）采用多维建模技术，高标准打造西海岸新区城市景观标杆。

该项目采用 GrassHopper，建立雨棚参数化模型，实现单参数修改、模型联动修改的效果，所见即所得，大大提高了方案落地效率。同时，通过精确分析太阳的直射角度、光照时间及遮阴程度，保证雨棚设计的合理性。

在该项目设计阶段，结合现状用地开发情况、地形地势、规划定位及交通需求等因素，项目共进行了 4 个大类、14 个方案的比选。为实现设计方案可视化汇报，需要在有限时间内结合不同方案建立模型。

（7）作为山东省建设科技（BIM技术应用）示范项目，采用BIM技术助力方案落地，为项目的BIM全过程实施提供了有力保障。

该项目从前期设计便采用BIM技术进行方案论证，全过程BIM设计也为后期的全过程施工提供了有力保障。同时，该项目也多次在全国各BIM大赛中斩获奖项，先后荣获第三届项目建设行业BIM大赛市政公用项目类三等奖、第十一届"龙图杯"全国BIM大赛优秀奖、中国建筑业协会第七届建设项目BIM大赛三等奖、中国市政项目协会第四届"市政杯"BIM应用技能大赛二等奖、中国建筑材料流通协会"新基建杯"一等奖等多项荣誉，并于2023年成功入选山东省建设科技（BIM技术应用）示范项目。

（8）结合项目特点，进行产研融合课题研究。

统筹考虑该项目建设以及建成后的运营管理，项目组创新设计和施工方案，在项目设计过程中陆续研发了"一种夜间道路安全行驶系统用隔离墩""新型城市道路防撞装置""一种管线固定装置"等专利技术，确保项目建设、运营的安全、可靠。

第六节　突出特点

1. 地下隧道打破校城"壁垒"

该路段穿越中国石油大学（华东），为避免将校区一分为二，结合区域交通和校区用地情况，因地制宜选择盖挖法施工方案，以充分挖掘地下空间。该项目主线段采用隧道形式下穿中国石油大学（华东）校区，科学处理隧道与周边路网的衔接，形成系统高效的骨架路网，实现过境与到发、转向与直行交通的分离，避免不同交通流间的干扰和交织，充分发挥主干道系统的整体功能。

2. 地下停车场推动"校城融合"

为充分释放校园地面空间，结合地下空间布局，在隧道区域规划建设地下智能化停车场，停车场建筑面积为$2.2 \times 10^4 \ m^2$，设置550个停车位。隧道、地下停车场与校园道路实现互联互通，提升了校区与周边交通的通行效率，改善了区域停车服务水平，保障了学校长远发展和师生安全。

3. 地下游泳馆实现高效用地

为推动地下资源高效集约化利用，同时又满足学校体育教学及区域内日常游泳赛事等活动需求，该项目为中国石油大学（华东）配建了建筑面积为 6 200 m² 的高标准全地下游泳馆。该游泳馆建成后将面向社会开放，西海岸新区市民将共同畅享"校城融合"带来的福祉。

4. 创新校地融合建设模式

建设单位与中国石油大学（华东）组建了工作专班，在设计方案、项目建设、竣工验收等环节共同参与，及时协调解决各类问题，提高工作效率。

第二章

≪≪≪ 功能定位

第一节　规划情况

一、城市性质、目标与规模

根据《青岛市城市总体规划（2011—2020年）》，列出以下青岛市相关内容。

1. 城市性质与职能

城市性质：国家沿海重要中心城市，国际性的港口与滨海旅游度假城市，蓝色经济领军城市，国家历史文化名城。

城市职能：国际职能——东北亚国际航运物流中心、海洋文化交流与经济合作平台、滨海旅游度假目的地；国家职能——国家蓝色经济示范区、国家海洋科技城、综合交通枢纽；区域职能——山东半岛金融商贸中心、高端产业集聚中心、滨海宜居幸福城市。

2. 城市发展总目标

围绕"走向深蓝，走向高端"的历史使命，率先进行科学发展，实现经济、文化、社会和环境相协调的可持续发展；继续提升青岛市在国家海洋经济中的战略地位，实现蓝色跨越；将青岛市建设成为宜居、幸福的现代化国际城市，实现"世界海湾、蓝色之都"的城市发展总目标。

3. 城市规模

市域人口与城镇化水平：2020年市域总人口规模控制在1 200万人以内，城镇化水平达到78%以上，城镇常住人口为936万人。

中心城区规模：规划2020年中心城区人口达到550万人，建设用地为590 km^2，人均建设用地为107 m^2。

二、城市空间发展战略

青岛城市空间发展战略：依托"走向深蓝、走向高端"的国家海洋战略要求，大力发展蓝色经济，实施"全域统筹、三城联动、轴带展开、生态间隔、组团发展"战略，拉开城市空间发展大框架，加快建设组团式、生态化的海湾型大都市。

三、西海岸新区发展规划

（一）西海岸新区总体规划

青岛市西海岸新区，是国务院批复的《山东半岛蓝色经济区发展规划》中要明确建设的新区，是青岛市建设全国海洋经济领军城市、打造山东半岛蓝色经济核心区的重要支撑，也是青岛率先科学发展、实现蓝色跨越、建设宜居幸福的现代化国际城市的主力军。

新区规划范围为青岛市黄岛区全域，陆域面积为 2 096 km²，海域面积为 5 000 km²，总人口 162 万，海洋资源丰富，生态环境优良，发展空间广阔，交通便捷，是山东半岛国家级园区数量最多、功能最全和政策最集中的区域，培育形成了港口、石油化工、家电电子、船舶与海洋项目、汽车及零部件、机械等优势产业集群，综合经济实力和区域发展竞争力强劲。

新区建设秉持"陆海统筹、东西统筹、城乡统筹"，着力构建"一核、两港、五区、一带"的总体发展格局。

一核：灵山湾影视文化产业区，规划面积为 30 km²，以高端商务、科技创智、会展旅游为主导，打造东北亚国际金融、航运与数据中心，建设创新高效、低碳生态的智慧新城。

两港：前湾港和董家口港，使新区实现"港口裂变、产业聚变"。前湾港以国际集装箱中转为主业；董家口港以国家能源资源储备、大宗货物交易为特色，形成两港联动、梯次升级之势。

五区包括国家级前湾保税港区、国家级经济技术开发区、新区中心区、董家口经济区、现代农业示范园区。

国家级前湾保税港区，海关监管区面积为 11.74 km²，拓展区面积为 53 km²。其在前湾港、董家口两港均有布局，叠加口岸功能与保税功能，目前国家已批准汽车整车进口保税业务，并正在向自贸区试验区挺进。

国家级经济技术开发区，面积为 478 km²，着眼蓝色、高端、新兴，引领新一轮对外开放和海洋经济转型发展，其中建有中德生态园、国际旅游度假区等，全方位打造国家级生态工业示范区。

新区中心区，规划面积为 501 km²，整合两处省级开发区，创建国家级开发区；规划建设古镇口军民融合创新示范园；灵山湾旅游度假区，陆海统筹打造蓝色新城。

董家口经济区，规划面积为 284 km²，港区设计泊位 112 个、年吞吐能力为 3.7 亿吨，规划了海洋装备制造产业区、中国北方水产品交易中心和冷链物流基地，以此打造现代化新港城。

现代农业示范园区，规划面积为 833 km²，以新型城镇化为驱动，突出蓝莓、茶叶、食用菌等高效、生态、特色农业，建设极富魅力的现代农业功能区。

一带：离岸综合开发示范带，以近海海域为载体，依托海洋牧场、海上休闲旅游、深水养殖、海岛开发、海洋可再生资源利用等产业，建设近海立体式综合开发示范带。其重点发展人工鱼礁、游艇、海钓、潜水、深水网箱，建设海洋资源利用综合平台、近海环境综合整治等离岸项目，形成离岸综合开发点状支撑、带状延伸的立体格局。同时，打造灵山岛生态旅游岛、竹岔岛文化旅游岛、斋堂岛海洋能源综合示范岛，在海洋旅游开发开放方面先行、先试。

（二）西海岸新区路网规划

1.西海岸新区道路规划模式

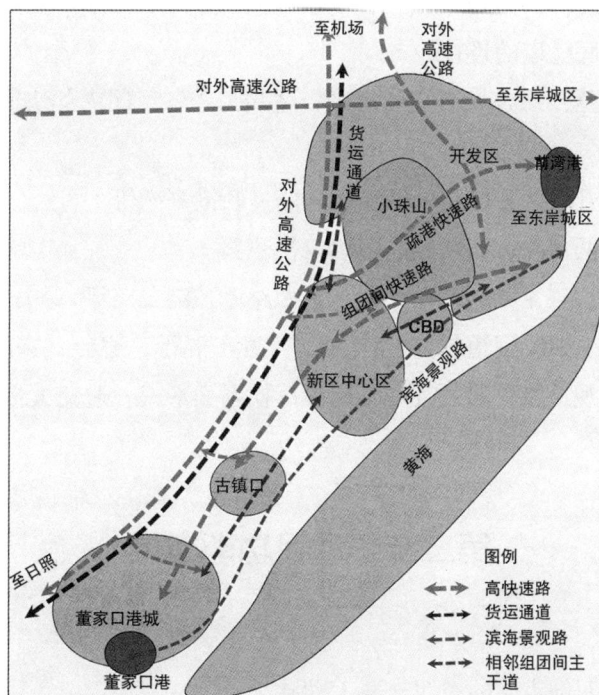

图 2-1 西海岸新区路网规划模式图

西海岸城区主要分为3个城市组团，分别为青岛经济技术开发区、新区中心区、董家口经济区。如何将三个组团紧密联系起来，是道路规划的重要任务。因此，提出如下规划模式。

（1）对外高速公路：依靠外围高速公路，承担组团对外快速联系功能。向北可联系胶州、青岛胶东国际机场，向西可联系济南，向南可联系日照等地，向东可联系东岸城区。

（2）组团间快速路、快捷路：设置组团间快速路、快捷路，加强组团间快速联系，避免组团间快速联系交通仅能依靠收费高速公路，降低区域交通联系出行成本。

（3）货运通道：设置货运专用通道，承担疏港交通功能，避免客货混行，缓解港城矛盾。

（4）滨海景观路：打造滨海景观路，避免过境交通大量涌入滨海一线，打造青岛经济技术开发区、新区中心区的旅游滨海景观带。

2.西海岸新区骨架路网规划

对外高速公路：沈海高速、青兰高速、胶州湾高速、董家口疏港高速等4条高速公路；沈海高速、胶州湾高速预留拓宽为双向八车道的条件。

组团间快速路：形成嘉陵江路—小珠山隧道—临港路—古镇口纵六路快速路—琅龙路快速路，承担西海岸组团间客运快速联系功能。

疏港高速公路提升为城市快速路，预留双向八车道，加强开发区与新区中心的联系，并作为第二海底隧道的连接线。

组团内部快速路：结合城市空间尺度，适当加密各组团内部快速路网，服务组团内部。

青岛经济技术开发区：昆仑山路、江山路、疏港高架等。

新区中心区：两河路、海西路、古镇口横三路。

董家口经济区：琅龙路、滨海大道、贡西路、疏港二路等。

组团间主干路：204国道贯穿三组团，客货车混行，避免其穿越各组团中心区；滨海大道为滨海景观道路，通过改变不同段落横断面形式，避免大量过境交通穿越。

第二节　项目功能定位

1."纵贯青岛西部市域的东西交通大动脉"

从对外交通联系看，珠江路向西连接灵山卫片区，能够加强东西区之间的交通联系，建成后将形成横穿青岛市唐岛湾片区的东西向交通联系通道。

2."串联两区、辐射两城"的交通纽带

从区域组团联系来看，珠江路位于唐岛湾中心片区中轴线，是"串联两区、辐射两城"的交通纽带。

3."带动区域发展"的交通干道

从路网衔接体系看，珠江路规划为一条承担区域联系功能的横向城市主干路，在带动城市发展方面具有重要作用。

第三节　项目建设意义

该项目的实施将进一步完善城市骨架路网，方便唐岛湾中心片区内外交通联系，承担东西干道连通功能。

该项目的建设能够分担滨海大道交通压力，提升周边到发交通疏解效率。

该项目的建设能够进一步完善城市市政基础设施的建设，提高居民生活水平，改善景观环境。

第三章

≪≪≪ 交通分析及预测

第一节　交通量预测

一、交通量预测思路及步骤

（一）预测年限和特征年

预测年限按 20 年考虑，预测特征年定位为 2022 年、2027 年、2032 年、2037 年、2042 年。

（二）预测步骤

该项目采用四阶段法进行交通量预测，如图 3-1 所示。

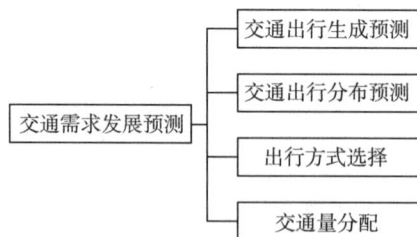

图 3-1　交通需求发展预测流程图

二、交通出行生成预测

交通出行生成预测是对城市各交通小区内的出行发生量和吸引量进行预测。其预测方法主要有弹性系数法及回归预测法，本次预测采用弹性系数法。

社会经济活动的频繁程度与交通需求增长之间存在相关性，弹性预测模型即描述经济增长率与交通需求增长率之间的相关关系。

模型形式如下式：

$$\varepsilon_{ij}=\frac{\Delta T_{ij}/T_i}{\Delta E_{ij}/E_i}=\frac{(T_j-T_i)/T_i}{(E_j-E_i)/E_i}$$

式中，ε_{ij}——j 年相对于 i 年的弹性系数；

T_i——i 年的交通生成量；

T_j——j 年的交通生成量；

E_i——i 年的经济指标值；

E_j——j 年的经济指标值。

交通生成量可以是出行人次、车次、客货运量、客货周转量，也可以是客货运交通量。在具体预测中，根据需要还可能分区域、分时段来确定弹性系数。

根据国内外的发展经验，在经济发展初期，因工业、基础产业的迅速发展，需运送大量的原材料和初级产品，公路货运需求较大。公路货物的运输弹性系数较大，随着工业化发展及产业结构的调整，产业结构转向技术密集型，产品运输也向轻、小、高附加值方向发展，货物运量减少，货运弹性系数呈下降趋势。

随着经济的发展及人民生活水平的提高，客运旅客商务出行量及休闲、旅游出行量将会大幅度增加，未来客运需求在一个阶段内会迅速增加，客运量弹性系数将有所提高。

1. 弹性系数的确定

弹性系数法是利用交通运输与经济发展之间的关系，在合理预测经济发展水平的基础上，按照国外已有的实践经验，取一定值的弹性系数，对规划区域的交通运输量进行预测，该方法具有操作简便，适用性强的特点，应用较为广泛。

根据青岛市 1990—2002 年统计年鉴及青岛市道路运输管理办公室资料统计计算，弹性系数表如表 3-1 所示。

表 3-1 弹性系数表

年份	国内生产总值	公路客货运量增长率		弹性系数	
	增长率	客运量	货运量	客运	货运
1990—2002	15.3%	12.2%	11.8%	0.8	0.77

青岛市 1990—2002 年的货运弹性系数为 0.77，近年来青岛市在重点调整经济战略和经济结构的同时，全面实施经济国际化战略，大力推进经济和社会信息化，加快

城市化进程，积极推动高新技术产业化和工业战略调整，加快发展农业、农村经济和服务业。

随着经济增长方式的改变，该项目影响区域的经济仍将以较快的速度增长，未来几年其货运弹性系数约为0.75。

确定客运弹性系数时，从青岛市各时期客货运弹性系数发展变化总体趋势来看，客运弹性系数高于同期货运弹性系数，并总体呈现下降趋势。按此趋势推算，未来该项目影响区域客运弹性系数将逐步减小，且客运弹性系数高于货运弹性系数。

综合上述分析，结合该项目影响区域的经济和交通发展环境，最后确定该项目影响区域弹性系数，如表3-2所示。

表3-2 项目影响区域弹性系数表

车型	年度		
	2010—2015	2016—2020	2021—2030
小轿车	0.85	0.80	0.70
其他客车	0.75	0.70	0.60
货车	0.60	0.55	0.50

表3-3 项目影响区域交通车辆增长率

车型	年度			
	2011—2015	2016—2020	2021—2030	2031—2040
小轿车	5.5%	4.0%	3.8%	3.2%
其他客车	4.8%	3.7%	3.4%	3.0%
货车	4.6%	3.2%	3.1%	2%

通过综合比较，并结合实测车型组成比例及车辆换算系数，得到该项目影响区域交通量增长率，如表3-4所示。

表3-4 项目影响区域交通量增长率

年度	2011—2015	2016—2020	2021—2030	2031—2040
增长系数	5.4%	3.9%	3.7%	2.7%

2. 交通出行生成预测

根据《西海岸新区综合交通规划（2017—2035年）》，预测2030年西海岸新区居民日出行总量达到1250万人次。可以进一步预测，该项目预测远景年（2034年）居民日出行量为1170万人次。

预测得知，2034年西海岸新区居民内部出行量为1053万人次/日，占总出行量的90%，对外出行量为117万人次/日，占总出行量的10%。外部进入量为53万人次/日，其中，东岸城区为对外出行主方向，占对外出行量的51.5%。

三、交通出行分布预测

出行分布是"四阶段法"的一个重要组成部分，居民出行分布是将预测的各小区出行发生量、吸引量转化为未来各交通小区之间的出行交换量的过程，即要得出由出行生成模型所预测的各出行端交通量与区间出行交换量的关系问题。

预测的方法有很多，大体上分为三类：增长率法、重力模型法、概率模型法。该项目采用平均增长率法进行分布预测。

四、出行方式预测

从目前国内城市交通需求预测的实践看，在进行城市客运方式划分的预测中，一个普遍的趋势是定性和定量分析相结合，在宏观上依据未来国家经济政策、交通政策及相关城市的比较对未来城市交通结构做出估计，然后在此基础上进行微观预测。

因为影响居民出行方式结构的因素有很多，社会、经济、政策、城市布局、交通基础设施水平、地理环境以及居民出行行为心理、生活水平等从不同侧面影响居民出行方式结构，其演变规律很难用单一的数学模型或表达式来描述。在我国，居民出行以非弹性出行占绝大部分，在居民出行方式可选择余地不大的情况下，传统的、单纯的转移曲线法或概率选择法等难于适用。所以，在青岛市客运交通方式划分的预测中，我们也主要采用这样的思路：宏观与微观相结合，宏观预测指导微观预测。

1. 宏观预测

城市的客运交通结构究竟怎样演变，在很大程度上取决于规划建设期内所采取的交通发展政策和一定政策条件下城市交通供给系统的特性。政府可以通过政策与规划控制，对各种交通设施的发展规模与发展水平进行调节，从而引导微观的出行者个人对出行方式进行合理的选择。宏观预测主要基于政府所制定的政策以及城市用地的控制性规划。

根据《西海岸新区综合交通规划（2017—2035年）》，青岛市西海岸新区核心区出行方式结构划分，如表3-5所示。

表3-5　青岛市西海岸新区核心区居民出行方式结构

年份	方式结构							
	公共交通	小汽车	出租车	摩托车	自行车	步行	其他	合计
2015年	10.00%	8.00%	1.20%	27.60%	16.00%	34.20%	3.00%	100.00%
2020年	25.00%	10.70%	3.80%	18.50%	14.20%	25.60%	2.20%	100.00%
2035年（预计）	30.00%	11.50%	4.50%	7.00%	14.00%	30.50%	2.50%	100.00%

此外，2013年11月21日，青岛市被交通运输部正式纳入国家"公交都市"创建试点城市，与交通运输部签订《共建国家"公交都市"示范城市合作框架协议》。按照创建"公交都市"的目标，到2017年，青岛万人公交车保有量达到25标台，公交站点500 m覆盖率达到100%，公交车进场率达到100%，绿色公交车辆占比达到85%，港湾式停靠站设置率达到40%，公交车专用道设置率达到11.3%，公交车准点率达到85%，高峰时段公交车平均运营时速达到20 km，公交一卡通使用率达到80%。通过完善的公共交通网络，全市公交出行分担率将达到60%。

同时，此项协议将在《西海岸新区综合交通规划（2017—2035年）》居民出行方式的基础上进一步优化。

2. 微观预测

在宏观预测的指导下，以居民出行调查资料统计得到的不同距离下各种方式的分担率为基础，考虑到城市规模扩大、生活水平提高、交通设施建设水平、营运管理水平提高等因素以及各交通方式的特点、最佳服务距离、不同交通方式之间的竞争转移的可能性以及居民出行心理等因素，对现状分担率进行修正，调整距离曲线，在此基础上可进行预测特征年青岛市区居民出行方式划分预测。计算公式如下：

$$T_{ij}=T_{ij}P_k(t_{ij})$$

式中，T_{ij}——交通小区 $i \rightarrow j$ 的出行量（通过前节的分布预测得到）；

T_{ijk}——$i \rightarrow j$ 区第 k 种出行方式的出行量；

$P_k(t_{ij})$——在出行距离为 t_{ij} 时采用第 k 种出行方式的比例。

根据以上分析，2034年交通方式预测，如表3-6所示。

表 3-6　2034 年交通方式预测表

年份	方式结构							
	公共交通	小汽车	出租车	摩托车	自行车	步行	其他	合计
2034 年	45.00%	16.50%	3.50%	1.00%	7.00%	24.50%	2.50%	100.00%

五、交通量分配

交通量分配是预测未来年度各小区间的分布交通量分配在区域未来路网上，从而得到路网各路段未来年度的交通量。其常用的交通分配模型有最短路交通分配、容量限制-增量加载交通分配、多路径交通分配、多路径-容量限制交通分配，该项目采用多路径-容量限制交通分配模型。

六、交通预测

在对西海岸新区交通现状、出行总量预测、出行分布预测等内容进行分析的基础上，本次交通量预测结合陡楼山路的功能定位，对交通预测进行修正与调整。

（1）既有的大型上位规划按照正常进度实施，上位规划如《青岛市城市总体规划》《青岛市城市综合交通规划》《西海岸综合交通规划》的实施，会给区域对外交通联系带来转变，本次交通预测在上位规划实施的基础上进行。

（2）区域周边大型交通设施如期进行建设。本次交通预测的前提是项目周边重要道路、公共交通设施如期建设完成。

七、交通预测结果

交通量预测结果在交通分配的基础上，结合道路总体方案以及影响区内相关道路交通量综合确定。

该项目珠江路范围西起江山路，东至太行山路以西，道路全长为 1 634 m，规划红线宽度为 26 m。设计方案为浅埋地道，隧道起点桩号 K0+78.061，终点桩号 K0+075.97，隧道长度为 998 m，东端敞口段为 167 m，布设为双向四车道。

本次道路交通量预测结果，如表 3-7 所示。

表 3-7　目标年道路交通量预测结果

单位：pcu/h

路段名称	年份				
	2022	2027	2032	2037	2042
珠江路	1 456	2 069	2 528	2 912	3 218

第二节　道路通行能力分析

一、可能通行能力

根据《城市道路工程设计规范》（JJ 37-2012）（2016 年版），一条车道的设计通行能力如表 3-8 所示。

表 3-8　一条车道的设计通行能力

计算行车速度（km/h）	60	50	40	30	20
基本的通行能力（pcu/h）	1 800	1 700	1 650	1 600	1 400

二、设计通行能力计算公式

根据交通项目学理论，并参照《公路与城市道路设计手册》，城市道路路段设计通行能力计算公式如下：

$$N_m = N_p \times k_m \times \delta$$

式中，N_m——道路设计通行能力（pcu/h）；

N_p——一条车道设计通行能力（pcu/h）；

k_m——车道数修正系数；

δ——交叉口影响修正系数。

表 3-9　车道数修正系数 k_m 采用值

车道数	1	2	3	4
车道数修正系数	1	1.87	2.60	3.20

自行车修正系数（γ）的确定，如表 3-10 所示。

表 3-10 自行车修正系数采用值

道路断面情况	机非分离	一块板（非机动车影响不大）	机非混行
自行车修正系数	1	0.8	0.7

设计道路断面为一块板，考虑非机动车道绕行。

设计行车速度为 40 km/h。

双向四车道路段通行能力计算结果为：

$$N（4 车道）= 1\,650 \times 0.97 \times 1.87 \times 2 = 5\,986\ \text{pcu/h}$$

考虑交叉口影响因素：

$$\delta = \frac{\dfrac{L}{v}}{\left(\dfrac{L}{v} + \dfrac{v}{2a} + \dfrac{v}{2b} + \varDelta\right)}$$

式中，L——交叉口之间距离；

　　　v——设计速度；

　　　a——车辆启动平均加速度（以小车计）；

　　　b——车辆制动时的平均减速度（以小车计）；

　　　$\varDelta$——车辆在交叉口处平均停车时间，取红灯时间的一半。

通过计算，$\delta = 0.64 \times N（4 车道）= 5\,986 \times 0.64 = 3\,831\ \text{pcu/h}$。

第三节　道路服务水平评价

1. 服务水平划分标准

对于城市道路，衡量交通服务质量的最主要指标为路段、交叉口的拥挤程度（V/C，即交通量 / 道路容量）。为方便研究，采用 V/C 作为道路服务水平划分依据。

表 3-11 道路服务水平标准

等级	交通运行特征	（交通量 / 道路容量）比率（α_c）			
		车速（km/h）			
A	自由流，行车自由度大	0.30	0.32	0.34	0.36
B	自由流，行车自由度适中	0.50	0.54	0.57	0.61
C	接近自由流，车速可维持设计车速	0.70	0.75	0.80	0.85
D	行车自由度受限，车速有所下降	0.84	0.87	0.89	0.92
E	饱和车流，行车没有自由度	1.00	1.00	1.00	1.00
F	拥塞状况，强制车流	—	—	—	—

2. 服务水平评价

表 3-12 道路服务水平评价表

年份	2022	2027	2032	2037	2042
交通量（pcu/h）	1 456	2 069	2 528	2 912	3 218
饱和度	0.38	0.54	0.66	0.76	0.84
服务水平	B	B	C	C	C

根据预测，结合道路设计方案通行能力和预测交通流量，目标年道路饱和度最大为 0.84，服务水平为 C 级，推荐道路方案能够满足设计年限的交通需求。

综上所述，建议该项目采用双向 4 车道建设规模。

第四章

<<< 项目输入条件

第一节　项目地质条件

一、地形、地貌与地质条件

根据收集的项目地质资料，线路沿线通过的地貌类型主要为剥蚀斜坡和滨海沼泽带。线路沿线东部地势较高，整体由东向西缓倾；线路沿线西部地势较平坦。

线路沿线分布的第四系最大厚度为 18 m，主要由全新统人工填土（Q_4^{ml}）、海相沼泽化层（Q_4^m）和全更新统陆相冲洪积层（Q_4^{al+pl}）组成。基岩主要为凝灰岩及流纹岩，局部穿插细粒花岗岩，受地质构造影响，局部发育构造岩。本次岩土分层采用了青岛市住房和城乡建设局推广的《青岛市区第四系层序划分》标准地层层序编号。

1. 第四系

第四系主要分布在剥蚀堆积缓坡和滨海沼泽带地貌单元，沿线第四系地层主要内容如下。

1）第四系全新统人工填土（Q_4^{ml}）

场区填土根据回填材料及成因的不同，分为 3 个亚层。

（1）第 1–1 层，碎石素填土。

黄褐色，稍湿~湿，松散~稍密，以回填碎块石为主，颗粒粒径为 10~20 cm，个别粒径达 40 cm，混风化碎屑及砂土，局部见植物根系，组成不均匀。

（2）第 1–2 层，风化碎屑素填土。

黄褐色，稍湿~饱和，松散~稍密，以回填风化碎屑及砂土为主，局部混有碎块石，颗粒粒径为 3~10 cm，含量为 10%~20%，局部区域上部混植物根系。

（3）第 13 层，淤泥质素填土。

灰褐色，饱和，松散~稍密，以回填淤泥质土及淤泥质砂土为主，混腐殖物，局部混风化碎屑及碎块石，未完成自重固结，项目性状差。

2）第四系全新统海相沼泽化层（Q_4^{mh}）

（1）第 6 层，淤泥质粉质黏土。

灰褐色~灰黑色，流塑~软塑，有腥臭味，含少量腐殖物及贝壳，干强度中等~低，韧性差，切面稍具光泽，手感滑腻，局部夹少量砂。

该层地基承载力特征值 f_{ak}=40~60 kPa，压缩模量 E_{s1-2}=2~4 MPa。

（2）第 6-1 层，含淤泥粗砾砂。

灰黑色，饱和，松散，有腥臭味，主要矿物成分为长石、石英，分选差，磨圆度一般，含 10%~30% 淤泥。

该层地基承载力特征值 f_{ak}=60~100 kPa，变形模量 E_0=4~6 MPa。

（3）第 6-2 层，粉质黏土。

黄灰色~灰黄色，软塑~可塑，具有中等~高压缩性；韧性一般，干强度中等，含 5%~10% 中粗砂，切面较光滑，略有光泽，无摇震反应，结构性一般~较差。

该层地基承载力特征值 f_{ak}=100~120 kPa，压缩模量 E_{s1-2}=4~5 MPa。

3）第四系全新统陆相冲洪积层（Q_4^{al+pl}）

（1）第 7 层，粉质黏土。

黄褐色，可塑，具中等压缩性，韧性一般，干强度中等，切面较光滑，略有光泽，结构性一般。

该层地基承载力特征值 f_{ak}=140~160 kPa，压缩模量 E_{s1-2}=5~6 MPa。

（2）第 7-1 层，粗砾砂。

黄褐色，饱和，松散~稍密，主要矿物成分为长石、石英，分选性及磨圆度一般~较差，含 10%~20% 黏性土。

该层地基承载力特征值 f_{ak}=180~200 kPa，变形模量 E_0=12~14 MPa。

（3）第 9 层，粗砾砂。

黄褐色，饱和，中密~密实，主要矿物成分为长石、石英，分选性及磨圆度一般~较差，含 10%~30% 黏性土。

该层地基承载力特征值 f_{ak}=280~300 kPa，变形模量 E_0=18~20 MPa。

（4）第 9-1 层，粉质黏土。

黄褐色，可塑，具中等压缩性，韧性一般，干强度中等，切面较光滑，略有光泽，局部含粗砾砂，含量 5% ~ 10%，结构性一般 ~ 较好。

该层地基承载力特征值 f_{ak}=200 ~ 220 kPa，压缩模量 E_{s1-2}=6 ~ 7 MPa。

2. 基岩

1）凝灰岩

（1）第 15-1 层，凝灰岩强风化带。

灰黄色，凝灰结构，块状构造，主要矿物由棱角—次棱角状的石英、长石晶屑和少量岩屑组成。矿物蚀变强烈，岩芯多呈胶结状，手搓呈土状，该带岩体稍具可软化性，基本无膨胀性、崩解性，用镐可挖。

该层地基承载力特征值 f_{ak}=300 ~ 400 kPa，变形模量 E_0=20 ~ 25 MPa。

（2）第 16-1 层，凝灰岩强风化带。

紫褐色 ~ 灰黄色，结构构造及矿物成分同上，矿物蚀变强烈，岩芯多呈角砾状，手搓呈土状 ~ 中粗砂状，局部见较多风化岩块，该带岩体稍具可软化性，基本无膨胀性、崩解性，用镐可挖。

该层地基承载力特征值 f_{ak}=500 ~ 700 kPa，变形模量 E_0=30 ~ 35 MPa。

（3）第 17-1 层，凝灰岩中等风化带。

紫褐色，结构构造及矿物成分同上，岩芯呈块状 ~ 短柱状，矿物成分蚀变中等，敲击声哑，易碎。

该层地基承载力特征值 f_a=1 800 ~ 2 000 kPa，弹性模量 E=5×10³ ~ 7×10³ MPa。

（4）第 18-1 层，凝灰岩微风化带。

紫褐色，结构构造及矿物成分同上，岩芯多呈块状，矿物成分蚀变轻微，敲击声脆，不易碎。

该层地基承载力特征值 f_a=3 500 ~ 4 000 kPa，弹性模量 E=18×10³ ~ 20×10³ MPa。

2）花岗斑岩

（1）第 16-2 层，花岗斑岩强风化带。

肉红色，斑状结构，块状构造。其主要矿物成分为长石、石英、云母等，风化程度高，矿物蚀变强烈，岩芯成角砾状 ~ 碎块状，手搓成粗砾砂 ~ 角砾状，个别岩芯手搓不易碎，手掰易碎。

该层地基承载力特征值 f_{ak}=700 ~ 900 kPa，变形模量 E_0=45 ~ 50 MPa。

（2）第 17-2 层，花岗斑岩中等风化带。

肉红色，结构、构造及矿物成分同上。风化程度中等，矿物蚀变一般，岩芯多呈块状，锤击声哑，易碎。局部节理裂隙发育。

该层地基承载力特征值 f_a=2 000 ~ 2 500 kPa，弹性模量 E=10.0×10³ ~ 12.0×10³ MPa。

（3）第18-2层，花岗斑岩微风化带。

肉红色，结构、构造及矿物成分同上。风化程度轻微，矿物蚀变轻微，岩芯多呈块状，锤击声脆，不易碎。局部节理裂隙发育。

该层地基承载力特征值f_a=5 000 ~ 5 500 kPa，弹性模量E=20.0×10³ ~ 25.0×10³ MPa。

3）细粒花岗岩

（1）第16-3层，细粒花岗岩强风化带。

青灰色，细粒结构，块状构造。其主要矿物成分为长石、石英、云母等，风化程度高，矿物蚀变强烈，岩芯成角砾状 ~ 碎块状，手搓成粗砾砂 ~ 角砾状，个别岩芯手搓不易碎，手掰易碎。

该层地基承载力特征值f_{ak}=800 ~ 1 000 kPa，变形模量E_0=45 ~ 50 MPa。

（2）第17-3层，细粒花岗岩中等风化带。

灰白色 ~ 肉红色，结构、构造及矿物成分同上。风化程度中等，矿物蚀变一般，岩芯呈块状 ~ 短柱状，锤击声哑，易碎。

该层地基承载力特征值f_a=2 000 ~ 2 500 kPa，弹性模量E=10.0×10³ ~ 12.0×10³ MPa。

（3）第18-3层，细粒花岗岩微风化带。

青灰色，结构、构造及矿物成分同上。风化程度轻微，矿物蚀变轻微，岩芯多呈块状，锤击声脆，不易碎。局部节理裂隙发育。

该层地基承载力特征值f_a=5 000 ~ 5 500 kPa，弹性模量E=20.0×10³ ~ 25.0×10³ MPa。

4）流纹岩

（1）第17-4层，流纹岩中等风化带。

灰白色 ~ 灰色，凝灰结构 ~ 凝灰沉积结构，块状构造 ~ 水平层理构造，主要矿物成分为石英和长石等。矿物蚀变中等，节理裂隙较发育，结构面一般较平直，微张 ~ 闭合，无填充物，通透性较好。岩芯呈块状 ~ 短柱状，锤击声哑，易碎。

该层地基承载力特征值f_a=2 000 ~ 2 500 kPa，弹性模量E=10.0×10³ ~ 12.0×10³ MPa。

（2）第18-4层，流纹岩微风化带

灰白色 ~ 灰色，结构、构造及矿物成分同上。风化程度轻微，矿物蚀变轻微，岩芯多呈柱状，锤击声脆，不易碎。局部节理裂隙发育。

该层地基承载力特征值f_a=5 000 ~ 5 500 kPa，弹性模量E=20.0×10³ ~ 25.0×10³ MPa。

5）碎裂岩

（1）第15-6层，糜棱岩。

黄褐色，原岩结构构造不清晰，矿物蚀变严重，岩芯呈胶结状，手搓成土状。

该层地基承载力特征值f_{ak}=200 ~ 250 kPa，变形模量E_0=12 ~ 14 MPa。

（2）第16-6层，砂状碎裂岩。

黄褐色~肉红色，原岩为凝灰岩、花岗斑岩、细粒花岗岩及流纹岩，受构造地质作用，岩芯呈粗砂~角砾状，泥质胶结，手搓易散，矿物蚀变严重。

地基承载力容许值f_0=600~800 kPa，弹性模量E=5.0×10^3~7.0×10^3 MPa。

（3）第17-3层，碎块状碎裂岩（细粒花岗岩中等风化带）。

黄褐色~肉红色，原岩为细粒花岗岩，节理密集发育，岩芯呈碎石~碎块状，手掰不可碎，矿物蚀变中等，锤击声哑，钻进速度不均匀，时快时慢。

地基承载力容许值f_0=1 000~1 500 kPa，弹性模量E=5.0×10^3~7.0×10^3 MPa。

（4）第17-4层，碎块状碎裂岩（流纹岩中等风化带）。

黄褐色~肉红色，原岩为流纹岩，节理密集发育，岩芯呈碎石~碎块状，手掰不可碎，矿物蚀变中等，锤击声哑，钻进速度不均匀，时快时慢。

地基承载力容许值f_0=1 000~1 500 kPa，弹性模量E=5.0×10^3~7.0×10^3 MPa。

（5）第17-2层，碎块状碎裂岩（花岗岩中等风化带）。

黄褐色~肉红色，原岩为花岗斑岩，节理密集发育，岩芯呈碎石~碎块状，手掰不可碎，矿物蚀变中等，锤击声哑，钻进速度不均匀，时快时慢。

地基承载力容许值f_0=1 000~1 500 kPa，弹性模量E=5.0×10^3~7.0×10^3 MPa。

（6）第17 3层，碎块状碎裂岩（细粒花岗岩中等风化带）。

黄褐色~肉红色，原岩为细粒花岗岩，节理密集发育，岩芯呈碎石~碎块状，手掰不可碎，矿物蚀变中等，锤击声哑，钻进速度不均匀，时快时慢。

地基承载力容许值f_0=1 000~1 500 kPa，弹性模量E=5.0×10^3~7.0×10^3 MPa。

（7）第17-4层，碎块状碎裂岩（流纹岩中等风化带）。

黄褐色~肉红色，原岩为流纹岩，节理密集发育，岩芯呈碎石~碎块状，手掰不可碎，矿物蚀变中等，锤击声哑，钻进速度不均匀，时快时慢。

地基承载力容许值f_0=1 000~1 500 kPa，弹性模量E=5.0×10^3~7.0×10^3 MPa。

二、河流水文

该项目位于岔河流域。岔河发源于小珠山主峰东侧。早年岔河村西、东、南面有四条河流，纵横交错，环绕整个村庄，故得名"岔河"。岔河自北向南流经荒里、扒山、岔河、戴戈庄、薛辛庄、两埠岸、王家港、花科子等八个社区，全长为6.5 km，流域面积为16.72 km^2。

依据《西海岸新区城市防洪规划（2016—2030年）》，岔河防洪标准为50年一遇，排涝标准为10年一遇。

三、气象概况

青岛属华北暖温带沿海季风区，大陆性气候。受海洋影响，空气湿润，气候温和，雨量较多，四季分明，具有春迟、夏凉、秋爽、冬长的气候特征。

第二节　交通设施现状与规划

一、区域道路交通规划

该项目规划形成"一带、三廊、四片区"的空间结构。

一带，指沿唐岛湾公园形成东西向滨海绿化景观休闲带。

三廊，指沿市民文化广场、井冈山路、峨眉山路至唐岛湾公园形成三条南北向景观廊道。

四片区：即生态居住片区、教育科研片区、商务办公片区、综合服务片区。

目前，区域路网基本已成系统，东西向珠江路仅剩此段尚未贯通。

根据西海岸新区唐岛湾中心片区控制性详细规划，道路沿线用地规划为教育用地、公园绿地、居住用地及中小学用地。

二、轨道交通规划及建设情况

根据《青岛市城市轨道交通线网规划调整（2015年）》相关内容，青岛市轨道交通2020年线网全长470.4 km，由11条轨道交通线路组成：主要包括1号线（41.6 km）、2号线一期+东部延长线（泰山路—世博园段，34.4 km）、3号线（24.8 km）、4号线一期（人民会堂—沙子口段，26.6 km）、6号线一期（朝阳山—中韩园区段，33.1 km）、7号线一期+北部延长线（兴国路—北安段，27.9 km）、8号线（60.9 km）、9号线一期（红岛—惜福镇段，35.9 km）、11号线一期（苗岭路—王村新城段，58.4 km）、12号线（56.5 km）、13号线（70.3 km）。青岛市轨道交通远景线网共规划16条线路，总规模为807 km。

根据青岛市地铁建设情况，青岛市已建成的线路有3号线，正在建设实施的地铁线路有1号线、2号线、4号线、11号线、13号线，计划开工建设地铁8号线，同步推进6号线、12号线以及青平城际前期工作。至2016年末，在建里程达304 km，通车运营里程为 25 km。在建线路、投资规模都将进入青岛市地铁建设有史以来的最高点。

表 4-1 青岛市轨道交通设施情况

轨道线路名称	长度（km）	建设区段	情况说明
1 号线	60	全线	建设中
2 号线	25	一期项目	建设中
3 号线（北段）	13		2015 年底开通运营
3 号线（南段）	13		2016 年底开通运营
11 号线	58	一期	建设中
13 号线	29	一期	建设中
13 号线	41	二期	即将开工
8 号线机场段	10		即将开工
4 号线	26		建设中
8 号线	61		即将批复并开工
6 号线	30	一期	即将开工

（注：数据截至 2016 年末。）

第三节 沿线管网现状与规划

一、管网现状

该项目现状道路为学校内部路，道路下方存在雨水、污水、给水、电力、通信、热力、中水等多种现状管线（学校权属）。

该项目西侧相交道路为现状江山路，江山路下方存在雨水、污水、给水、电力、通信等多种现状管线。

该项目东侧相交道路为现状珠江路，珠江路存在雨水、污水、给水、通信、热力等多种现状管线。

二、管网规划

在该项目中，中国石油大学（华东）内部路管线保持原系统不变，仅迁改管线位置。

在该项目中，地下通道根据地道要求，设计给水、电力、通信及雨水边沟等管线。

第五章

<<< **技术标准**

第一节　道路项目

1. 道路等级

珠江路：城市主干路。

华东路及黄河路等校内道路：园区路。

2. 沥青路面结构设计使用年限

珠江路：15 年。

华东路及黄河路等校内道路：10 年。

3. 设计车速

珠江路：40 km/h。

华东路及黄河路等校内道路：20 km/h。

4. 车道宽度

珠江路：3.5 m。

华东路及黄河路等校内道路：3.25 m、4.25 m。

5. 车行净空

车行净空均 ≥ 4.5 m。

6. 路缘带

珠江路：0.25 m。

华东路及黄河路等校内道路：0.25 m。

7. 横坡

珠江路：2%。

华东路及黄河路等校内道路：1.5%。

8. 主要的平、纵、横设计控制指标

表 5-1 平、纵、横设计控制指标

项目	内容		单位	主线
道路等级				城市主干路
计算行车速度	设计车速		km/h	40
平面线形	设超高圆曲线最小半径	一般值	m	300
		极限值		150
	反向曲线间最小直线长度（宜）			120
	不设超高的最小圆曲线半径			600
	不设缓和曲线的最小圆曲线半径			1 000
	平曲线最小长度	一般值		150
		极限值		100
	圆曲线最小长度			50
	缓和曲线最小长度			50
	停车视距			70
纵断面线形	通道最大纵坡一般值			5%
	通道最大纵坡限制值			6%
	最小坡长		m	150
	最小纵坡			0.3%
	最大合成坡度			6.5%
	凸形竖曲线最小半径	一般值	m	1 800
		极限值		1 200
	凹形竖曲线最小半径	一般值		1 500
		极限值		1 000
	竖曲线最小长度	一般值		120
		极限值		50
横断面指标	车行道宽度			3.5
	路缘带最小宽度		m	0.5
	防撞体或安全带最小宽度			0.5

第二节 结构项目

（1）使用功能：城市道路隧道。

（2）道路等级：城市主干路，设计车速为 40 km/h。

（3）设计荷载：公路 –Ⅰ 级。

（4）结构设计使用年限：100 年。

（5）主体结构安全等级：一级。

（6）地下项目防水等级：二级。

（7）结构耐火等级：一级。

（8）钢筋混凝土构件裂缝宽度限值：0.2 mm；临时构件不验算裂缝宽度。

（9）抗震设防烈度：青岛地区抗震设防烈度为 7 度；地震分组为第二组；设计基本地震加速度值为 0.1 g；建筑场地类别为 Ⅱ 类；抗震构造措施按照 8 度考虑。

（10）隧道交通项目分级：A 级。

（11）抗浮项目设计等级：甲级。

第三节 管线综合

根据各专业管线容量确定管线形式和尺寸，各专业管线之间以及管线与构筑物之间的水平净距和垂直净距应满足《城市工程管线综合规划规范》（GB 50289—2016）关于最小净距的要求。

第四节 排水项目

一、设计暴雨重现期（p，单位：年）

中国石油大学（华东）内部道路排水重现期：2 年；雨水排涝重现期：50 年。

二、径流系数（Ψ）

综合径流系数：0.65。

三、地面集水时间（t_1）

地面集水时间：5 ~ 15 min。

四、管道粗糙系数（n）

钢筋混凝土管（满流）：0.013。

钢筋混凝土管（非满流）：0.014。

塑料复合管：0.01。

五、污水量标准

污水定额：人均综合用水量为 230 L/（P·d）。

折污系数：0.85。

六、污水量总变化系数（K_z）

污水量总变化系数：$\dfrac{2.7}{Q^{0.11}}$。

七、人口密度（ρ）

人口密度：500 p/ha。

八、控制流速

排水管（渠）的最小设计流速：雨水管道在满流时为 0.75 m/s。

排水管（渠）的最大设计流量：非金属管道为 5 m/s；过路涵洞（混凝土）当水深为 1 ~ 2 m 时为 5 m/s。

污水管道在设计充满度下的控制流速为 0.6 m/s。

九、给水项目

（1）用水量标准：230 L/（P·d）。

（2）人口密度：500 p/ha。

（3）管内控制经济流速，如表 5-2 所示。

表 5-2 经济流速控制表

管径（mm）	平均经济流速（m/s）
100 ~ 400	0.6 ~ 0.9
≥ 400	0.9 ~ 1.4

（4）工作压力：0.45 ~ 0.6 MPa。

（5）抗震标准：抗震设防烈度 7 度，设计基本地震加速度值为 0.05 g。

十、通风项目

（1）CO、烟雾设计浓度，按表 5-3 取值。

表 5-3 CO、烟雾设计浓度

交通状况	CO 设计浓度（ppm）	烟雾设计浓度（m^{-1}）
正常交通（60 km/h）	150	0.007 5

（2）隧道通风换气次数不低于 5 次 /h。

（3）环境空气质量标准。

隧道所在区域按《环境空气质量标准》（GB 3095—2012）中的二级标准执行，即 CO 的 24 小时平均浓度限值为 4 mg/m³，1 小时平均浓度限值为 10 mg/m³；NO_2 的 24 小时平均浓度限值为 80 μg/m³，1 小时平均浓度限值为 200 μg/m³。

（4）环境噪声标准。

隧道所在区域执行《声环境质量标准》（GB 3096—2008）中的 4a 类标准：昼间等效声级为 70 dB（A），夜间等效声级为 55 dB（A）。

十一、电气及监控项目

消防用电负荷等级为二级。中间段道路照明平均亮度不低于 1.5 cd/m²。照明功率密度不高于 0.85 W/m²。

十二、照明项目

园区路：路面平均照度（维持值）不低于 10 lx，均匀度为 0.3 以上；路面平均亮度（维持值）不低于 0.75 cd/m²，总均匀度不低于 0.4；人行道平均照度不低于 5 lx。

城市主干路：路面平均照度（维持值）不低于 30 lx，均匀度为 0.4 以上；路面平均亮度（维持值）不低于 2 cd/m²，总均匀度不低于 0.4；人行道平均照度不低于 15 lx。

十三、建筑项目

（1）设计使用年限分类：3 类、50 年。

（2）耐火等级：地上二级、地下一级。

表 5-4　建筑构件燃烧性能和耐火极限（h）表

构件名称		耐火等级	
		一级	二级
墙	防火墙	不燃性 3.00	不燃性 3.00
	承重墙	不燃性 3.00	不燃性 2.50
	非承重外墙	不燃性 1.00	不燃性 1.00
	楼梯间和前室的墙 电梯井的墙	不燃性 2.00	不燃性 2.00
	疏散走道两侧的隔墙	不燃性 1.00	不燃性 1.00
	房间隔墙	不燃性 0.75	不燃性 0.50
柱		不燃性 3.00	不燃性 2.50
梁		不燃性 2.00	不燃性 1.50
楼板		不燃性 1.50	不燃性 1.00
屋顶承重构件		不燃性 1.50	不燃性 1.00
疏散楼梯		不燃性 1.50	不燃性 1.00
吊顶		不燃性 0.25	不燃性 0.25

（3）地下项目防水等级：一级。

不允许渗水，结构表面无湿渍。

（4）屋面防水等级：I 级。

（5）停车场分类：I 类。

　车位尺寸：2.4 m×5.1 m ~ 2.4 m×5.3 m。

　车道宽度：≥ 5.5 m。

（6）游泳馆分类：地下公共建筑。

　设置 50 m 标准泳池。

第六章

方案解析

第一节 项目建设条件

一、沿线道路条件

根据《青岛市城市综合交通规划（2008—2020年）》《西海岸经济新区综合交通规划（2017—2035年）》，明确珠江路为城市主干路。

珠江路（昆仑山路至岔河西岸段）目前正在施工，珠江路全线仅剩中国石油大学（华东）区域尚未贯通。

二、周边构筑物及建筑物情况

在本次设计中，珠江路范围西起江山路，东至太行山路以西，道路全长约为1 634 m，规划红线宽度为26 m，主要穿越中国石油大学（华东）校区，现有校园宿舍楼、教学楼、图书馆等均位于拟建隧道南北两侧，距离地道水平距离为4～25 m。项目东侧敞口段位于华裕唐城小区北侧，距离小区建筑物最近为24 m。项目西段的学校宿舍楼、教学楼、学生食堂等建筑物主要为钢筋混凝土框架结构，是钢筋混凝土现浇梁板结构楼盖体系，基础形式为预制钢筋混凝土方桩，独立承台基础。项目东侧研究生3号公寓建筑物采用钢筋混凝土框架结构，是钢筋混凝土现浇梁板结构楼盖体系，基础形式为天然地基独立基础，局部桩墩基础。

图 6-1 项目周边现状建构筑物（一）

图 6-2 项目周边现状建构筑物（二）

三、沿线管线及地下障碍物情况

现状中国石油大学（华东）内部路下存在雨水、污水、给水、电力、通信、热力、中水等多种现状管线。

存在 DN400 ~ DN1000 雨水管道。

存在 DN300 ~ DN500 污水管道。

存在 DN100 ~ DN200 给水（含消防）管道，DN50 冷水管道，DN50 浇灌管道。

存在 2×DN100 ~ 2×DN400 热力管道。

存在 6 ~ 26 孔 DN150 电力排管。

存在 2 ~ 6 孔 DN100 通信排管。

存在 DN150 南北横穿燃气管道。

该项目西侧为现状江山路，江山路道路两侧存在电力管廊、10 孔通信排管、DN300 ~ DN600 给水管道、DN600 污水管道、DN300 ~ DN1000 雨水管道。

该项目东侧为现状珠江路，珠江路道路两侧存在 2×DN400 热力管道、2 孔通信排管、DN300 给水管道、DN400 ~ DN500 雨水管道。

四、沿线水系情况

该项目位于岔河流域。岔河发源于小珠山主峰东侧。早年岔河村西、东、南面有四条河流，纵横交错，环绕整个村庄，故得名岔河。岔河自北向南流经荒里、扒山、岔河、戴戈庄、薛辛庄、两埠岸、王家港、花科子等八个社区，全长为 6.5 km，流域面积为 16.72 km²。

五、沿线生态环境情况

该项目沿线穿越小黄山。小黄山公园位于青岛经济技术开发区中部唐岛湾中心片区内，于 2000 年 12 月经国家林业局批复设立，被评为国家 4A 级旅游景区。小黄山公园总面积为 40 km²，南北长为 9.8 km，东西宽为 10.6 km。景区内自然人文旅游资源丰富，距今 2500 年的齐长城遗址、杜鹃谷等名胜古迹犹存，古代文化与现代文化兼容并蓄，沿海文化与北方文化相互融合，高雅文化与民俗文化互为补充。

六、沿线土地出让及土地性质情况

该项目规划线位穿过中国石油大学（华东）校区内，地下主线道路两侧均为中国石油大学（华东）建设用地。道路东端敞口段南侧为华裕唐城小区建设用地。

第二节　总体设计

一、设计原则

根据道路在城市路网中的地位、作用、功能、服务水平，结合地形等自然条件确定总体设计原则。

（1）在城市总体规划和综合交通规划指导下，以城市综合交通规划为指导，城市主干路的功能定位为基础，确定总体方案。

（2）以交通需求预测为依据，合理确定项目规模和建设标准。

（3）坚持需要与可能相结合的原则，充分考虑项目实施的可能性，尽可能采用减少投资的措施，并在设计中注重环保与节能，以求最佳的投资效果。

（4）合理处理地道与两端周边路网的衔接，以形成系统高效的骨架路网，实现过境交通与到发交通、转向交通与直行交通的分离，避免不同交通流间的干扰和交织，充分发挥主干路系统的整体功能。

（5）项目建设标准应与道路规划相协调，实现车辆快速通行，完善区域路网，消除现状交通瓶颈。

（6）积极探索采用新技术、新工艺和新材料，使其经济合理同时兼顾安全，并且适合该项目的建设特点。

二、总体方案

（一）方案控制因素

（1）道路规划线形。

（2）各相交道路等级及交通需求。

（3）道路沿线建筑规划情况。

（4）沿线自然地势高差限制。

（5）区域交通组织方案。

（6）道路沿线地块用地线。

（7）建设单位意见。

（二）总体方案布置

1. 地下道路项目

（1）道路交通项目。道路平面设计结合地形、地势和道路两侧现状建筑物情况，在规划线位的基础上进行优化设计。道路西起江山路，东至太行山路，道路全长约1 634 m。该项目在道路交叉口处和地下车库连通道处设置监控设施及电子警察、信号灯等交通设施，并在地下道路出入口端和两侧辅道处设置交通防护设施。

（2）建筑项目。隧道共设置了两处设备管理用房：江山路与珠江路交叉口处北侧设置监控室、消防泵房及值班室，隧道封闭段西侧出入口处设置雨水泵房、配电室。

（3）结构项目。地道闭口段全长约为998 m，结构标准宽度为20.9 m，展宽段为25.65 m，高度为7.45 m，为单层双洞矩形框架结构，主要采用盖挖法施工，局部采用明挖法；盖挖中部设置一根临时立柱，后期立柱浇于地道中墙内。

（4）隧道消防、排水项目。隧道消防、排水项目主要包括隧道的水消防灭火设施及雨污水排水。水消防灭火设施分为室外消火栓系统、室内消火栓系统、水成膜泡沫灭火系统、灭火器。

（5）通风项目。通风项目主要包括地下通道的正常运营通风设计以及防排烟系统设计。根据隧道的实际情况，隧道内通风及防排烟系统采用纵向通风方式。

（6）电气及监控设计。在地下道路内设置交通监控系统、环境监测及设备监控系统、工业以太环网系统、通信系统、火灾报警及消防联动系统、视频监控系统，并设置一处监控室，满足平时及应急情况下事件的处置。

（7）供配电及照明项目。地下道路的消防用电负荷等级按照《建筑设计防火规范》（GB 50016—2014）（2018年版）的要求为三级负荷。在地道内设置一处变配电室，引入两路10 kV电源。地道内照明参照《公路隧道照明设计细则》（JTGT

D70/2—01—2014）的要求分为入口段、过渡段、中间段、出口段，同时设置应急照明系统。

（8）景观项目。地下道路项目景观项目内容包括行道树、路侧绿带及山体喷播，路侧绿带宽为 3～32 m，总设计面积为 8 596 m²。

2. 地上道路项目

（1）道路项目。该项目地上道路项目主要包括校内华东路及黄河路的翻建和太行山路以西现状珠江路的翻建。

（2）管线迁改项目。对学校内部道路下管线结合建设主体结构进行迁改，主要包含雨水、污水、给水（含消防等）、热力、电力、通信等管线。

同时，对学校外部的相交现状市政道路下管线进行迁改，主要包含雨水、通信、热力、给水等管线。

（3）景观项目。地上道路项目景观项目内容包括行道树、路侧绿带及山体喷播，路侧绿带宽度为 6～22 m，总设计面积为 25 963 m²。

（4）路灯项目。中国石油大学（华东）校内华东路沿道路北侧布置路灯，路灯安装间距为 35 m；珠江路地面路沿道路两侧对称布置路灯，路灯安装间距为 35 m。

3. 地下车库项目

（1）建筑项目。该项目利用中国石油大学（华东）校区内光华大道与华东路交叉口东北象限的绿地广场区域建设地下车库，建筑面积约为 27 700 m²。在学校现状道路设置 2 个车库出入口，在华东路正下方的新建珠江路隧道设置 1 个车库出入口。

（2）结构项目。该项目地下车库主体采用钢筋混凝土框架结构，外墙采用钢筋混凝土墙，框架的抗震等级按三级考虑。车库顶板拟采用井字梁楼盖体系。其结构形式受力明确，节约净空，经济性优良；并且能形成规则梁格，顶棚视觉效果美观。考虑目前暂未取得该项目的《岩土工程勘察报告》，基础暂定采用筏板基础，抗浮措施考虑采用抗浮锚杆，具体形式需取得该项目的《岩土工程勘察报告》后最终确定。

（3）通风项目。地下车库设机械排风兼排烟系统，风机平时低速排风，火灾时高速排烟，火灾时开启着火区域内的排烟风机和补风风机；车库按换气次数计算通风量，通风换气次数为 5 次/时，且单台机动车的排风量大于 300 m³/h，送风量为排风量的 80%。

（4）消防、排水设计。根据游泳馆的体积，该地下建筑体积大于 2.5×10⁴ m³。其主要设置的消防设施包括消火栓、自喷系统、手提式干粉灭火器。

消防用水量：设计火灾延续时间为 2 h，车库内消防用水量为 40 L/s，自喷用水量为 40 L/s，一次消防用水量为 432 m³。

消防管道内的消防供水压力应保证用水量达到最大时，最不利点水枪充实水柱不应小于 13 m。消火栓栓口处的出水压力超过 0.5 MPa 时，应设置减压设施。

（5）电气项目。该项目车位数为 550 个，为大型车库，消防负荷等级为一级。该项目负荷量估算为 680 kW。

该项目电源引自中国石油大学（华东）内部现状变配电室，其变压器容量满足车库需求。在车库内设置一间低压配电室。

（6）景观项目。地下车库项目景观设计内容包括行道树及路侧绿带，设计面积为 30 181 m^2。

4. 地下游泳馆项目

（1）建筑项目。位于长江西路与江山南路交叉口东南象限地块，中国石油大学（华东）用地范围内，利用岔河桥东侧沿街绿地和校园内停车用地，在现状体育馆西侧配建地下游泳馆。游泳馆建筑面积为 6 000 m^2，占地面积为 3 300 m^2，泳池大小为 21 m × 50 m，面向学校内设置出入口。

（2）结构项目。游泳馆主体采用钢筋混凝土框架结构，外墙采用钢筋混凝土墙，框架的抗震等级按二级考虑。游泳馆顶板采用型钢混凝土梁结构形式。考虑暂未取得该项目的《岩土工程勘察报告》，基础暂定采用筏板基础，抗浮措施考虑采用抗浮锚杆，具体形式需取得该项目的《岩土工程勘察报告》后最终确定。

（3）通风项目。泳池区域均设置三集一体泳池除湿热泵机组，承担各个池区的全部湿负荷和显热负荷。比赛大厅气流组织主要为侧送下回。泳池新风量按照 30 m^3/ 人及除氯新风取大值。

泳池以外的人员区域设置多联机 + 新风系统。人员新风量按照 30 m^3/ 人。

（4）给排水消防项目。

根据游泳馆的车位数，设计该停车场为一类停车场。其主要设置的消防设施包括消火栓、自喷系统、手提式干粉灭火器。

消防用水量：设计火灾延续时间为 2 h，车库内消防用水量为 10 L/s，自喷用水量为 40 L/s，一次消防用水量为 216 m^3。

消防管道内的消防供水压力应保证用水量达到最大时，最不利点水枪充实水柱不应小于 10 m。消火栓栓口处的出水压力超过 0.5 MPa 时，应设置减压设施。

（5）建筑电气项目。

该项目为小型游泳场馆，按丙级体育建筑设计，馆内消防设备、广播和扩声设备、安防设备、污水泵均为二级负荷，其余为三级负荷。其总负荷容量为 650 kW，其中二级负荷容量为 80 kW。

电源引自游泳池旁现状体育馆的变配电室，其变压器容量满足游泳池需求。同时，在游泳池内设置一处配电室。

（6）景观项目。地下游泳馆项目景观设计主要对施工破坏绿化进行恢复，设计面积为 3 752 m²。

第三节　地下道路项目

一、线路设计

（一）平面设计

该项目道路平面设计结合地形、地势和道路两侧现状建筑物情况，在规划线位的基础上进行优化设计。道路全线共设 5 处圆曲线，半径分别为 400 m、270 m、700 m、350 m、3 000 m。

该项目包含珠江路与江山路、太行山路和现状珠江路交叉口。

根据《青岛西海岸新区核心区南片区控制性详细规划》中的路网规划，该项目中珠江路全线交叉口共 3 处，其中"十"字形路口 2 处，为江山路、太行山路；"L"形路口 1 处，为珠江路。其中，江山路、太行山路和珠江路均为现状路。

该项目东端敞口段南北两侧各设置 7.5 m 宽的辅道，并在车行道外侧设置 2 m 宽的人行道。

（二）纵断面设计

纵断面设计在满足规范的前提下，统筹考虑以下因素。

（1）纵断面设计要满足地区防洪要求、道路交通要求。

（2）充分利用自然地形并合理改造自然地形。

（3）在满足防洪、排洪等要求的情况下，尽量降低路面整体高度，减少填方量，从而降低项目造价。

（4）道路纵坡、最小坡长等均应满足规范，并使纵断面线形合理、顺畅、优美。

珠江路地下道路全线共设置 5 处竖曲线，最小坡长为 130 m，最小坡度为 0.3%，最大坡度为 6%，最小凸形竖曲线半径为 930 m，最小凹形竖曲线半径为 1 500 m，最小竖曲线长度为 37.2 m。

该项目东端敞口段南侧辅道基本按照现状标高进行设计，道路纵坡为 2.542%；

北侧辅道基本按照南侧辅道标高进行设计，道路纵坡为 2.678%。

二、建筑项目

1. 设计参数

该项目珠江路范围西起江山路，东至太行山路以西，道路全长为 1 634 m，规划红线宽度为 26 m。其设计方案为浅埋地道，地道长度为 997 m，设计时速为 40 km/h，道路断面为双向四车道。地下道路中部设置出入通道与地下车库衔接。

隧道采用人行横通道及疏散楼梯，间距为 250~300 m，疏散楼梯与地面进行结合设置。

该项目地下附属设备用房耐火等级为一级，地面建筑耐火等级为二级。

2. 总平面设计

图 6-3　地下道路项目总平面设计

该项目隧道共设置了三处设备管理用房：江山路与珠江路交叉口处北侧设置监控室、消防泵房及值班室，隧道封闭段西侧出入口设置雨水泵房、配电室。珠江路隧道东端出入口西北象限绿地内设置热计量室一处。

3. 平面设计

监控室、消防泵房及值班室为矩形轮廓，长为 16.2 m，宽为 8.2 m，总建筑面积为 265.68 m²。其中，地下一层建筑面积为 132.84 m²，布置水池泵房和水池，设置一部楼梯，楼梯在地上一层设置直通室外的安全出口；地上一层建筑面积为 132.84 m²，布置监控室、值班室、备品间，值班室内设卫生间。监控室、值班室及备品间均设直通对外的出口。该项目耐火等级为地下一级，地上二级。

变配电室、雨水泵房设置于地下，地上设置楼梯间，总建筑面积为 326.45 m²，其中地下一层建筑面积为 302.03 m²，布置变配电室及雨水泵房，雨水泵房下设雨水池，设置一部楼梯。地上建筑面积为 24.42 m²，为直通室外的楼梯间。

热计量室为地上一层建筑，建筑面积为 105.04 m²，建筑高度为 4.05 m，设置两个直通室外的安全出口，耐火等级为二级。

4. 隧道装修

根据该项目的功能及装饰要求，地下道路暗埋段内侧墙装修材料应满足以下条件。

（1）不怕潮及具有一定的耐久性。

（2）墙面装修材料应具有足够的耐水性，在火灾高温的情况下不分解出有毒气体。

（3）墙面装修材料应具有足够的强度，且容易维修保养。

根据以上条件要求，地下环路暗埋段侧墙拟采用不燃材料（搪瓷钢板），其在耐腐蚀、耐潮湿、保洁、装饰性、耐久性等方面都比较理想。

为防止火灾对车行通道结构的破坏，在车行通道的顶部布置防火涂料内衬。根据规范要求，车行通道防火设计采用 HC 标准升温曲线测试，不低于 2 h。

该项目地下道路墙面的色彩亮度除了具有美学要求外，更重要的是要满足地下环路在交通方面的有关功能。暗埋段的墙面 3 m 以下拟采用浅色搪瓷钢板，提升装饰效果。3 m 以上墙面采用与顶棚一致的防火内衬，以弱化驾驶员对地下道路顶面的注意力，同时使车道信号灯以及相关指示装置更加突出醒目。

设备箱、安全门为统一规格，有规律布置，箱门采用不锈钢材料制作，门面喷刷醒目的识别标志。

5. 设备用房装修

设备用房装修见表 6-1。

表 6-1　设备用房装修一览表

	地面	墙面	顶棚
雨水泵房	地面砖防水地面	面砖防水内墙	涂料顶棚
消防泵房	地面砖防水地面	面砖防水内墙	涂料顶棚
值班室	地面砖地面	涂料内墙	涂料顶棚
变配电室	防静电水磨石	涂料内墙	涂料顶棚
监控室	防静电架空地板	涂料内墙	涂料顶棚
热计量间	细石混凝土地面	防潮腻子内墙	防潮腻子顶棚

6. 消防设计

（1）防火标准。

该项目按《建筑设计防火规范》（GB 50016—2014）（2018年版）中的隧道要求执行，作为地下中小型机动车通道使用，不通行危险化学品车辆。

其划分标准定为三类隧道，承重结构体的耐火极限要求采用 HC 标准升温曲线测试，不低于 2 h。隧道防火等级为一级。

（2）隧道疏散。

隧道内设备管理用房面积均小于 500 m²，可设置一处直通室外的疏散口，所有设备间与最近的直通地面疏散的楼梯间距离小于 15 m。

（3）装修防火。

除嵌缝材料外，隧道内部装修采用不燃材料。

暗埋段侧墙装饰板以上范围的结构外露面拟用防火内衬进行包裹。

三、结构项目

（一）设计原则

（1）该项目遵循"结构为功能服务"的原则，结构设计应满足城市规划、环保、防水、防火、耐久性、抗震等要求，并与通风、消防等专业协调。

（2）根据交通构筑物的受力特点，充分考虑使用功能、荷载特性、施工工艺、工期等因素，根据场地的项目地质和水文地质条件，对技术、经济、环保和使用功能做综合比较，合理确定结构形式和施工方案。

（3）在符合路线总体走向的前提下，主要依据地形、地质条件及施工条件合理确定隧址，进出口处轴线与等高线垂直或接近垂直，减少浅埋、偏压。

（4）在含水地层中，应采取可靠的地下水处理和防治措施。

（5）结构防水应遵循"以防为主，多道防线，刚柔结合，因地制宜，综合治理"的原则，以结构自防水为主，附加防水层为辅，处理好变形缝、施工缝等薄弱环节的防水。

（6）施工引起的地表变形应控制在周边环境允许的范围内。根据基坑安全等级和变形控制标准，严格控制基坑开挖引起的地表沉降和水平位移，确保周边道路、建（构）筑物、管线等的安全和正常使用。

（二）设计标准

（1）使用功能：城市道路隧道。

（2）道路等级：城市主干路，设计车速 40 km/h。

（3）设计荷载：公路 -I 级。

（4）结构设计使用年限：100 年。

（5）主体结构安全等级：一级。

（6）地下项目防水等级：二级。

（7）结构耐火等级：一级。

（8）抗震设防烈度：抗震设防烈度为 7 度；地震分组为第二组；设计基本地震加速度值为 0.1 g；建筑场地类别为 II 类；抗震构造措施按照 8 度考虑。

（9）隧道交通项目分级：A 级。

（10）抗浮项目设计等级：甲级。

（三）隧道建筑限界

该项目主线地道建筑限界按 40 km/h 设计行车速度并结合相关规范拟定。

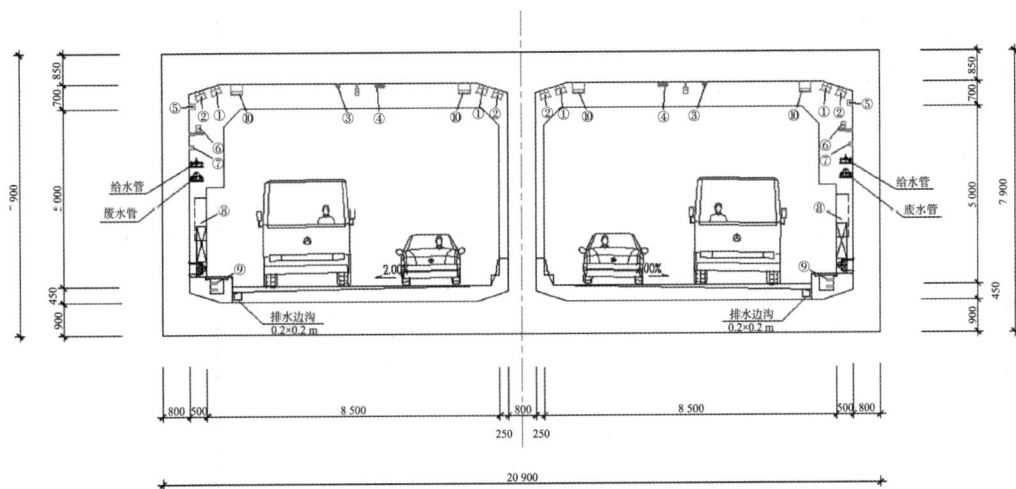

图 6-4　地道标准段界限（未注明的单位为 mm）

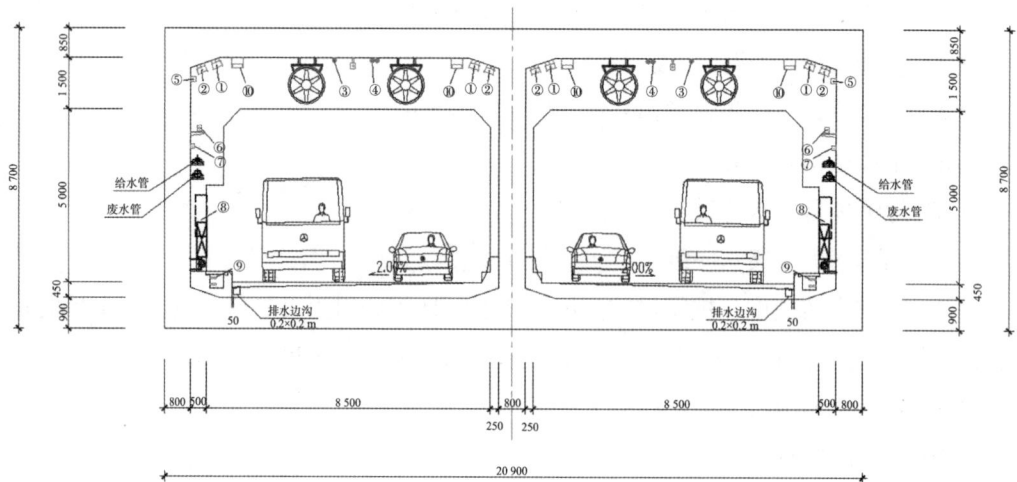

图 6-5　地道射流风机段界限（未注明的单位为 mm）

（四）隧道断面设计

地道形状和尺寸根据埋深、结构受力特点以及方便施工等因素，在满足隧道建筑限高且各种设备均不得侵限的前提下，充分考虑照明、通风、监控、消防等机电设施及洞内装饰所需要的空间，综合研究拟定。

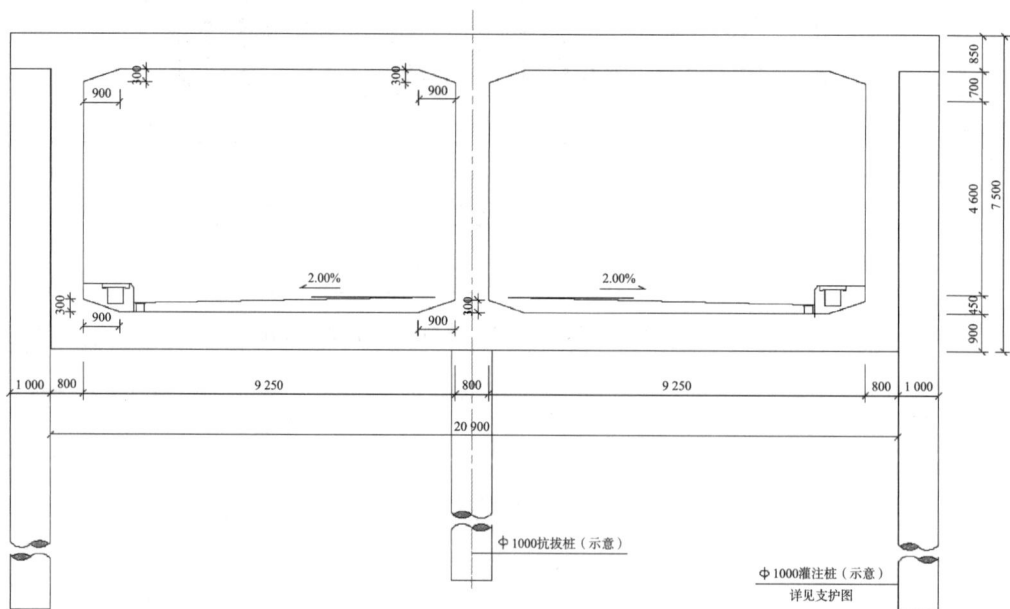

图 6-6　地道盖挖标准段断面（未注明的单位为 mm）

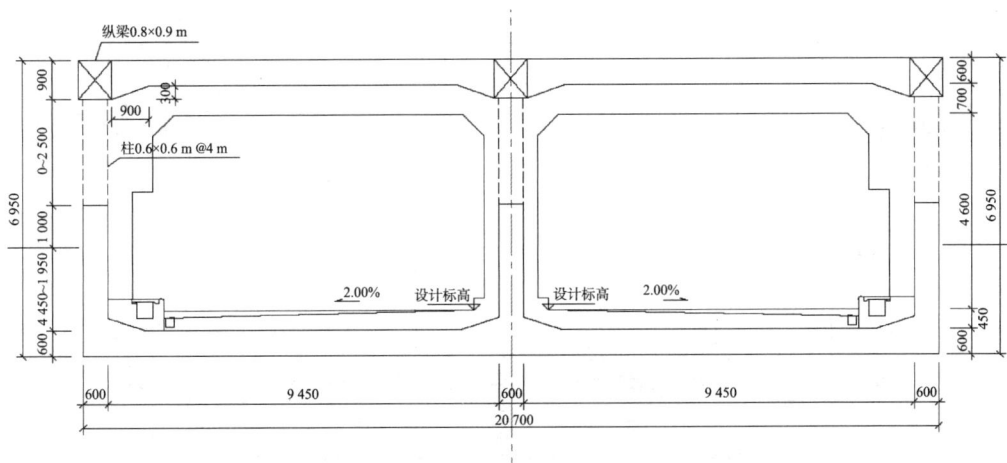

图 6-7　地道明挖标准段断面（未注明的单位为 mm）

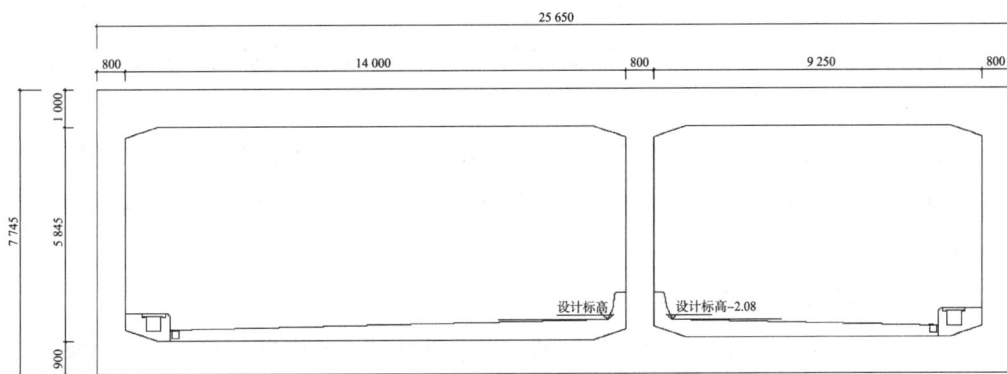

图 6-8　地道盖挖展宽段断面（未注明的单位为 mm）

（五）敞口段结构设计

地道敞口段两侧设置"L"形钢筋混凝土挡墙，断面示意图如图 6-9 所示。

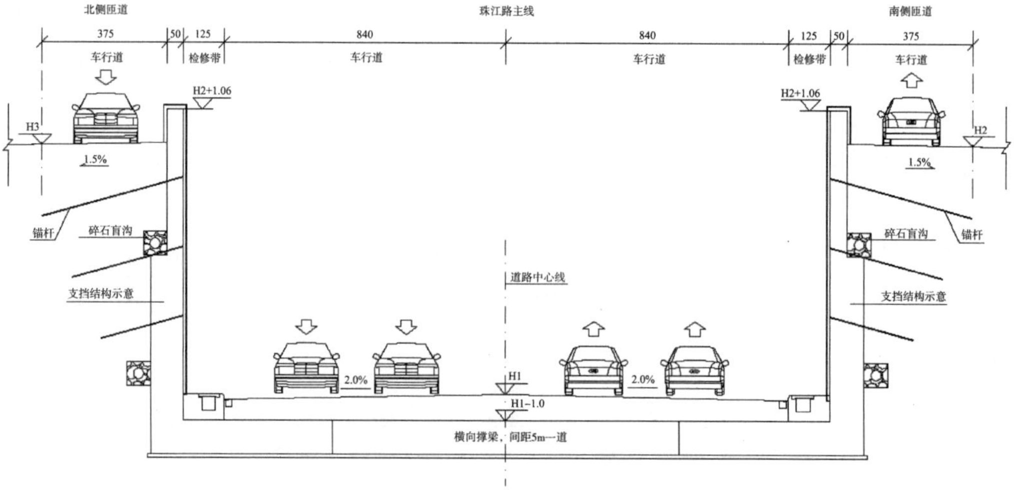

图 6-9 地道敞口段断面示意图（标高单位：m；尺寸单位：cm）

结合道路纵断面设计，挡墙结构总高为 2.8 ~ 9.55 m，其中墙高 5.5 m 以上区段，南北挡墙底板之间设横向撑梁，墙身设预应力锚杆。

挡墙采用 C50 钢筋混凝土，每 15 m 设沉降缝，并设中埋式橡胶止水带。挡墙基本以细粒花岗岩强风化带、细粒花岗岩微风化带、流纹岩微风化带为持力层，摩擦系数取 0.55。

（六）地道防水设计

该项目地道防排水设计遵循"防、排、截、堵相结合，因地制宜，综合治理"以及"以防为主，分区排放"的原则，进行环境评价，重视环境保护，采取切实可靠的设计、施工措施，充分利用衬砌结构自身的防水能力，并构筑隧道结构内外完善的防排水系统，对地表水和地下水进行妥善处理。对岩溶管道水、围岩裂隙水和适当排放不会影响地表水环境的段落采取"以堵为主，限量排放"的措施；排水对环境确无影响时则采取重力排放的措施，以保证隧道结构物和营运设备的正常使用和行车安全。隧道防排水设计务求达到防水可靠、排水通畅、衬砌不渗不漏、隧道内轮廓表面基本干燥的效果。

1）衬砌结构自身防水

地道主体采用防腐抗裂防水混凝土，防水等级参照《地下工程防水技术规范》（GB 50108—2008）二级标准办理。防腐抗裂防水混凝土可通过调整配合比以及掺加外加剂等措施配制而成，其抗渗等级不得小于 P8。防腐抗裂防水混凝土的施工配合比应通过试验确定，试配混凝土的抗渗等级应比设计要求提高 0.2 MPa。

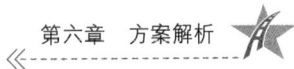

2）附加防水层防水

该项目地道采用全包防水，底板及侧墙采用预铺防水卷材，顶板采用防水涂料，并在防水层外侧设置保护层。

3）施工缝、变形缝防水

（1）施工缝。① 施工缝设置要求：混凝土应连续灌注，顶板、底板不得设置纵向施工缝，且要求拱墙混凝土应一次立模灌注成型。a. 边墙纵向施工缝不应设置在剪力与弯矩最大处。为方便施工，结合隧道受力特征，隧道纵向施工缝设置在检修道盖板底附近的边墙上。b. 环向施工缝设置应避开地下水和裂隙水较多的地段，且应与变形缝结合设置。② 施工缝防水措施：环向施工缝采用中埋式橡胶止水带、背贴式橡胶止水带复合防水构造措施，环向施工缝沿隧道纵向按 10 m 一道设置；纵向施工缝采用中埋式钢边橡胶止水带、背贴式橡胶止水带复合防水构造措施，纵向施工缝按全隧左、右隧各两道拉通设置。中埋式橡胶止水带宽度≥ 250 mm，中埋式钢边橡胶止水带宽度≥ 240 mm，背贴式橡胶止水带宽度≥ 300 mm。

（2）变形缝。① 变形缝设置在地质条件或结构断面变化较大处、洞口加强衬砌与普通衬砌分界处。② 变形缝设置中埋式钢边橡胶止水带、背贴式橡胶止水带、聚苯乙烯硬质泡沫板（或沥青木丝板）填充、内缘深 10 cm 双组份聚硫密封胶嵌缝等防水构造措施。中埋式钢边橡胶止水带宽度≥ 240 mm，背贴式橡胶止水带宽度≥ 300 mm。

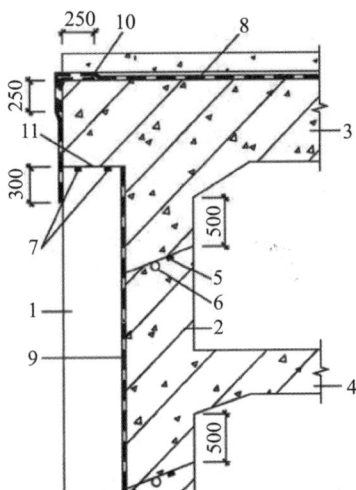

图 6-10　盖挖段顶板与侧墙防水过渡做法（单位：mm）

（七）项目材料及结构耐久性设计

1.项目材料

（1）混凝土：围护桩、冠梁、桩顶挡土墙、混凝土撑、混凝土角撑：C30 钢筋混凝土，垫层 C20 混凝土；K0+160 ~ K1+075：主体结构 C45，外侧裂缝宽度为 0.15，内侧裂缝宽度为 0.2；支承柱 C45，裂缝宽度为 0.15 mm，板墙钢筋混凝土保护层厚度外侧为 45 mm，内侧为 40 mm，梁柱外侧为 50 mm，内侧为 40 mm；抗拔桩 C45，裂缝宽度为 0.15；围护桩兼抗拔桩 C45，裂缝宽度为 0.15；围护桩 C35，保护层厚度为 70 mm；K0+080 ~ K1+160：主体结构 C50，裂缝宽度为 0.15 mm，内侧为 0.2 mm，板墙钢筋混凝土保护层厚度外侧为 60 mm，内侧为 40 mm，梁柱外侧为 65 mm，内侧为 40 mm；当混凝土保护厚度层超过 50 mm 时，需设置防裂钢筋网片，规格为 6@150×150。防裂钢筋网片保护层厚度不小于 25 mm。混凝土中应掺加适量的钢筋阻锈剂，阻锈剂的掺入应满足《混凝土防腐阻锈剂》（GB/T 31296—2014）的规定。

（2）喷射混凝土：桩间及坡面支护：C20 喷射混凝土（湿喷）。

（3）钢筋：HPB300 级、HRB400 级热轧钢筋；钢筋、钢板及型钢等其性能和质量必须符合国家现行标准和行业标准的规定。

（4）焊条：HPB300 级钢筋及 Q235 钢的焊接采用 E43-XX 系列型焊条，HRB400 级钢筋采用 E50 系列型焊条，焊条的性能和质量应符合国家现行标准。

（5）钢支撑：609X16、围檩双拼工 45 b、角撑等钢结构均采用 Q235B 级钢材。

（6）回填：C15 素混凝土、原状土、灰土（3 : 7）。

2.耐久性设计

按使用年限要求，根据构件所需的维修程度、所处的使用环境及其侵蚀作用类别等条件进行耐久性设计。一般应包括以下内容。

（1）混凝土材料设计：包括混凝土原材料和配比、混凝土的强度等级、水胶比、水泥用量以及混凝土抗渗性、抗冻性、抗裂性等具体参数指标。

（2）与结构耐久性有关的结构构造措施（如保护层厚度）与裂缝控制要求。

（3）与耐久性有关的施工要求，特别是混凝土养护和保护层厚度的质量控制与保证措施。

（4）结构使用阶段的定期维护与检测要求。

（5）对于严重腐蚀环境作用下的结构构件，需采用特殊的防腐蚀措施，如在混凝土组成中加入阻锈剂、防腐剂、水溶性聚合树脂，在混凝土构件表面涂敷或覆盖保护材料，选用环氧涂膜钢筋，以及必要时采用阴极保护和牺牲阳极等措施。混凝土的特殊防腐措施，尤其是防腐新材料和新工艺的采用应通过专门的论证来确定。

该项目地下水对混凝土结构具有强腐蚀性，主体结构外侧混凝土裂缝宽度按照 0.15 mm 控制，内侧按照 0.2 mm 控制。

（八）围护结构设计

围护结构是地下结构设计的重点之一。为控制基坑开挖引起的地表沉降，保证施工安全，需进行基坑支护，其支护型式选择首先应具有施工的可行性，应能满足根据站位环境所确定的基坑保护系数对基坑水平位移和地表沉降的限制要求。在满足上述前提的情况下，依据场地项目地质及水文地质条件、环境情况、开挖深度、施工方法、工期、项目造价、地区常用的围护结构形式做综合的比较后确定最终的支护结构形式。

针对隧道所处环境、地层情况、地下水埋深等，为保证基坑及学校建构筑物的安全，该项目地道主要采用盖挖法施工，利用学校假期时间首先施工做顶板，然后恢复交通，基坑下部在顶板的保护下进行盖挖顺做施工。

顶板施工时基坑开挖深度约为 4 m，采用高压旋喷桩内插型钢的支护型式。考虑隧道基坑主要位于第四系土层淤泥质粉质黏土中，隧道盖挖段围护结构采用钻孔灌注桩＋内支撑的支护形式，地下水处理措施采用桩间咬合桩止水，盖挖阶段基坑深度约为 10 m，采用顶板兼做围护结构内支撑，不再设置单独支撑。围护断面如图 6-11 所示。

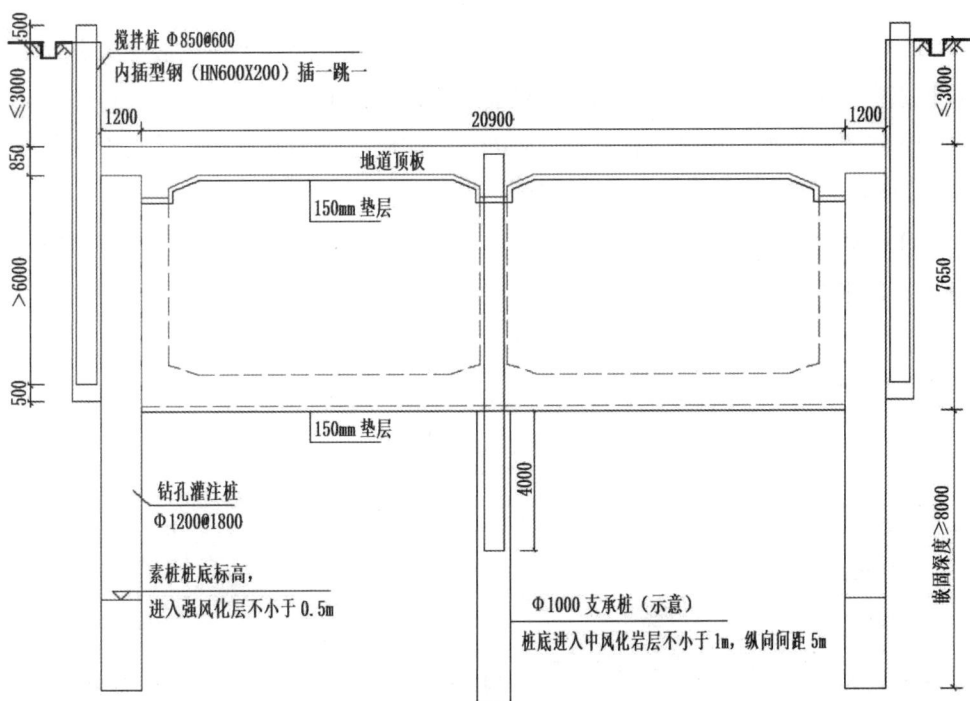

图 6-11　盖挖标准段围护断面图（未标注的单位为 mm）

（九）地基基础处理

隧道结构基础需满足结构承载力及沉降要求。该项目西端底板位于软弱土层，地基承载力不能满足要求，需进行地基处理。若采用简单基础换填，基坑支护深度需大大增加，围护结构难度增大、费用也要增加。因此，根据地基处理深度，采用基础换填或复合地基等不同处理措施。换填深度小于 3 m 时，采用石渣换填；换填深度大于 3 m 时，采用复合地基形式。

（十）盖板体系设计

地道顶板兼做永久盖板，顶板与基坑两侧围护桩一同浇筑，顶板既作为围护桩的内支撑，同时围护桩也可作为基坑开挖时顶板的临时竖向支撑，并作为地道使用阶段的抗拔桩。地道中部结合中墙设置一根钢管支承柱，后期与侧墙一同浇筑，不再割除，柱下方设置支承桩，支承桩兼做地道使用阶段的抗拔桩，地道不另外做抗浮措施。

（十一）监控量测技术要求

1. 监测目的

（1）掌握围岩、支护结构和周边环境的动态，利用监测结果为设计和施工提供参考依据。

（2）监测数据在经过分析处理与必要的计算和判断后进行预测和反馈，以便为项目和环境安全提供可靠的信息。

（3）研究岩土性质、地下水条件、施工方法与地表沉降和土体变形的关系积累数据，积累资料和经验，为今后的同类项目设计提供类比依据。

（4）将监测数据与预测值相比较，判断前一步施工工艺和支护参数是否符合预期要求，以确定和调整下一步施工，确保施工安全。

（5）在隧道通过断层带之前，应对前方地质进行超前地质预报工作，探明前方地质情况，以采取相应措施，保证项目施工安全。

2. 监测项目

基坑监测项目如表 6-2 所示。

表 6-2　基坑监测项目表

围护结构顶部水平、竖向位移	深层水平位移	立柱竖向位移	锚杆（土钉）内力
应测	应测	应测	应测
支撑内力	周边建筑的倾向，水平、竖向位移	周边建筑、地表裂缝	周边管线变形
应测	应测	应测	应测

续表

周边地表竖向位移	围护结构内力	坑底隆起回弹	支护结构界面上侧向压力
应测	宜测	宜测	宜测
地下水位	土体分层竖向位移	支护结构界面上侧向压力	孔隙水压力
宜测	宜测	宜测	应测

（十二）安全风险设计

该项目风险等级划分详见区间风险汇总表，如表6-3所示。

表6-3　区间风险汇总表

序号	风险项目名称	位置、范围	风险基本状况描述	风险初始等级	施工设计保护措施	风险设计等级
1	深基坑	项目全部分	基坑深度最大为11m，宽度为20～26m。所处地层主要为第四系土层	Ⅱ级	（1）采用钻孔咬合桩＋内支撑的围护型式，围护桩为直径1.2 m、间距1.8 m的钻孔灌注桩，盖挖段顶板兼做内支撑，桩间采用素桩止水，桩底进入不透水层不小于0.5 m。 （2）施工期间应严格按照支护结构设计规定的施工顺序和开挖深度进行分层开挖；开挖时施工机械不得碰撞或损害内支撑、围护桩等围护结构。 （3）施工期间应严格按设计要求进行监测，并及时根据量测反馈信息调整支护参数。 （4）围护桩嵌固深度需满足设计要求，地质情况若有变化应及时通知相关各方并研究解决方案	Ⅱ级

续表

序号	风险项目名称	位置、范围	风险基本状况描述	风险初始等级	施工设计保护措施	风险设计等级
2	学校建筑（框架结构、桩基础、地上6层地下0层）	盖挖段	侧穿多处学校公寓、食堂、教学楼，水平距离为5～18 m，其中与16号学生公寓二层楼梯间水平距离仅为3.7 m，周边环境复杂	Ⅱ级	（1）采用钻孔咬合桩+内支撑的围护型式，围护桩为直径1.2 m、间距1.8 m的钻孔灌注桩，盖挖段顶板兼做内支撑，桩间采用素桩止水，桩底进入不透水层不小于0.5 m。（2）施工期间应严格按照支护结构设计规定的施工顺序和开挖深度分层开挖；开挖时施工机械不得碰撞或损害内支撑、围护桩等围护结构。（3）施工期间应严格按设计要求进行监测，及时根据量测反馈信息调整支护参数。（4）围护桩嵌固深度需满足设计要求，地质情况若有变化应及时通知相关各方并研究解决方案	Ⅲ级

（十三）项目筹划

该项目穿越中国石油大学（华东），周边环境复杂，采用盖挖法施工。利用暑假2个月时间封闭地道施工场地，进行围护桩及顶板施工，并完成校内路面恢复，在顶板下方进行地道下部基坑开挖及结构施工，盖挖出渣由地道东西两端及中部停车场明挖位置处运出，工期约9个月，最后进行内部结构及路面施工，工期1个月，总工期12个月。

（十四）危大项目

根据《危险性较大的分部分项工程安全管理规定》的相关规定，现将该项目的危险性灾害及建议处理措施进行梳理，如表6-4所示。

表6-4 危险性灾害及处理措施

分部项目名称	分项项目名称	危险性灾害描述	处理措施
支护结构与地基处理	基坑开挖	（1）坑底隆起；坑底软弱土地基承载力不足。 （2）过大的地表沉降或沉降增速过快。 （3）边坡变形过大或变形速率过快。 （4）基坑开挖边坡失稳、滑坡。 （5）存在危岩、崩塌或裂隙发育。 （6）存在临空的外倾结构面的岩质边坡或软弱土质边坡。 （7）项目爆破产生的灾害及爆破震动产生的危害	（1）基坑施工必须做到先支护后开挖，严禁超挖，及时回填；采取基坑内外地表水和地下水控制措施，防止出现积水和漏水、漏沙问题，汛期施工，应当对施工现场排水系统进行检查和维护，保证排水畅通。 （2）施工前应制定有针对性的应急预案，并核对周边管线、建构筑物等基础资料以及有无新增情况，确保施工对其安全无影响后方可开工。 （3）参建各方应严格执行住建部《危险性较大的分部分项工程安全管理规定》，施工单位应当在危大项目施工前组织项目技术人员编制专项施工方案，经论证评审、审查后执行。 （4）应加强监测，现场巡查；应依法依规加强现场安全管理，文明施工
	基坑止水	止水帷幕达不到预期止水效果，或止水帷幕深度不足时引起的地下水渗透破坏，包括管涌、流土（流砂）、突涌等	
	支护结构灌注桩	围护桩成孔时塌孔	
	桩间喷射混凝土	桩间土支护结构失效，引起局部坍塌	
	钢筋混凝土支撑	（1）内支撑坠落或失稳。 （2）立柱及立柱桩过大的水平位移或过大的沉降，进而引起内支撑失稳。 （3）支护结构产生过大的变形或变形增速过快，以及应力突变或过大的应力	
周边环境	基坑临近学校多处建筑物	基坑开挖造成地面沉降过大或注浆压力过大造成的路面隆起或建筑物倾斜	充分掌握基础资料，明确相对关系，并与产权单位对接，监控测量指标应满足产权单位要求；必要时设计施工监测方案需进行专项评审；做好应急预案
	基坑临近团结路	施工对道路面沉降影响以及对路面行车、行人造成不良影响	
	基坑临近燃气管线及给水管线	管线爆裂及次生灾害	充分掌握管线定位，施工中做好超前地质预报，控制施工进度，控制爆破振速，加强监测，做好应急预案

续表

分部项目名称	分项项目名称	危险性灾害描述	处理措施
周边环境	基坑临近雨水管线	管线泄漏影响地下岩土体强度，造成地质灾害	做好管线调查，对于强风化地层及较差地层采取地层加固措施，加强超前地质预报；控制施工进度，控制爆破振速，加强监测，做好应急预案

四、通风设计

（一）设计原则

（1）隧道设置独立完整的通风排烟系统。

（2）正常交通情况下，稀释车行隧道内汽车排出废气中以 CO 气体为代表的有害物质、烟雾和异味，为司乘人员、维修人员提供满足一定标准的通风卫生环境，为安全行车提供良好的清晰度和舒适性。

（3）火灾事故工况下，车行隧道通风系统应具有排烟功能，合理组织气流，控制烟雾和热量的扩散，并为滞留在车行隧道内的司乘人员、消防人员提供一定的新风，以利于安全疏散和灭火扑救。

（4）通风排烟模式的切换应确保安全可靠，并符合排烟系统要求。

（5）隧道通风方式应兼顾节能环保。

（6）通风设备的选用应符合性能优良、技术先进、效率高、噪声低等方面的要求。

（二）设计参数

（1）室外空气计算参数见表 6-5。

表 6-5　室外空气计算参数（青岛）

	通风室外计算温度	大气压力	室外风速
夏季	27.3℃	1 000.4 hPa	4.6 m/s
冬季	-0.5℃	1 017.4 hPa	5.4 m/s

（2）隧道相关参数见表6-6。

表6-6 车行隧道相关参数

车道	设计车速（km/h）	隧道标准断面（m²）	主线全长（m）
2/孔	40	50	997

（三）设计标准

1. 通风卫生标准

（1）CO、烟雾设计浓度，按表6-7取值。

表6-7 CO、烟雾设计浓度

交通状况	CO设计浓度（ppm）	烟雾设计浓度（m⁻¹）
正常交通（40 km/h）	150	0.007 5

（2）隧道通风换气次数不低于5次/h。

2. 火灾排烟

（1）火灾释热量按20 MW计算。

（2）整个隧道按同一时间发生一处火灾考虑。

3. 外部环境标准

（1）环境空气质量标准。

隧道所在区域按《环境空气质量标准》（GB 3095—2012）中的二级标准执行，即CO 24小时平均浓度限值为4 mg/m³，1小时平均浓度限值为10 mg/m³；NO_2 24小时平均浓度限值为80 μg/m³，1小时平均浓度限值为200 μg/m³。

（2）环境噪声标准。

隧道所在区域执行《声环境质量标准》（GB 3096—2008）中的4a类标准：昼间等效声级70 dB（A），夜间等效声级55 dB（A）。

（四）通风设计

1. 通风排烟方式

（1）通风方式。该项目车行隧道为双孔双向交通模式，采用纵向机械通风方式，既可以通风换气，稀释污染物，也能够满足环保的要求。

（2）排烟方式。该项目车行隧道属于三类隧道，故需设置排烟系统，利用顶部空间设置射流风机，在火灾工况下纵向排烟。

2. 通风计算

（1）需风量。该项目隧道通风主要稀释车辆行驶中产生的 CO 及异味，计算比较发现，按纵向风速 3 m/s 计算的需风量最大，需风量为 540 000 m^3/h。

（2）火灾排烟量。该项目隧道仅通行非危险化学品等机动车，火灾规模按 20 MW 计算，排烟量为 216 000 m^3/h。

3. 通风系统

根据隧道的实际情况，隧道采用纵向通风方式。

（五）通风控制

1. 正常通风

正常及阻滞工况，根据 CO−Ⅵ检测值或不同时段定时开启射流风机，对隧道进行有效通风换气。

2. 火灾排烟

在火灾工况下，其通风模式迅速切换至排烟模式，按火灾点所在位置确定风机的正反转，尽量缩短火灾烟雾在车道内的行程。

（六）节能和环保

（1）设置 CO−Ⅵ检测仪，为隧道通风控制系统提供信息，以实现节能运行控制。

（2）采用多台射流风机并联，可较好地适应通风需求的变化。

（3）选用高效率、低噪声的风机设备。

（4）通风设备设置消声、减振装置。

五、给排水、消防设计

（一）隧道内消防设施

根据隧道长度，该隧道按三类隧道设计消防设施。隧道主要设置的消防设施包括消火栓、水成膜泡沫灭火装置、手提式干粉灭火器。

该项目设计火灾延续时间为 2 h，隧道内消防用水量为 10 L/s，隧道洞口外的消火栓用水量为 20 L/s，隧道一次消防用水量为 216 m^3。

消防管道内的消防供水压力应保证用水量达到最大时，最不利点水枪充实水柱不应小于 10 m。消火栓栓口处的出水压力超过 0.5 MPa 时，应设置减压设施。

（1）消火栓。每条（孔）隧道单侧设置灭火器箱，行车方向右侧间隔 40 m 设置。消火栓箱设置于行车道右侧，每间隔 40 m 设置一处。消火栓箱内应配置 1 支喷嘴口径 19 mm 的水枪，1 盘长 25 m、直径 65 mm 的水带，并宜配置消防软管卷盘。消火栓箱面板标明"消火栓"字样。消火栓的栓口距地面高度为 1.1 m。

（2）水成膜泡沫灭火装置。消防设备箱内配有 PMZ30 型 30L 水成膜泡沫灭火装置一套、DN25 消防水管一盘（25 m 长，配有水枪）。水成膜泡沫灭火系统用水量为 1 L/s，最不利点比例混合器处所需压力为 0.35 MPa，泡沫混合液浓度为 3%，泡沫液储罐可供 30 min 灭火使用。水成膜泡沫箱体外标有"泡沫灭火装置"字样。

（3）手提式干粉灭火器。在隧道两侧均应设置灭火器，灭火器单侧设置间距不大于 50 m，每个设置点不应少于 4 具，灭火器为 MF4 型手提式干粉灭火器。灭火器箱面板标有"灭火器"字样。

（4）隧道口室外消火栓。在隧道口外设置 SS100/65-1.6 型地上式室外消火栓，供消防车取水之用，以配合灭火器和消火栓扑救较大的火灾。

（5）供水管网。管网形式为环状管网给水系统，消防管网构成闭合环形，双向供水。管网保持常有水状态，一旦发生火灾，即可投入使用。隧道内消防干管采用涂塑钢管，卡箍连接。

（二）隧道消防供水系统

（1）消防水源。隧道内消火栓水源取自消防水池，满足隧道室内消防 2 h 用水量要求，消防水池有效容积为 72 m³，消防水池水源取自市政给水管。隧道洞口室外消火栓水源均取自市政给水管。市政给水管管径为 DN200，市政水压为 28 m。

（2）消防水泵接合器。在隧道两端的进出口均设置室外消火栓和水泵接合器，以便发生火灾时向给水管网供水，以及消防车向管道供水。

（3）消防泵。消防水池旁设置消防水泵房，在泵房内设置消防水泵两台（一用一备），扬程应满足最不利点水枪充实水柱不应小于 10 m 的要求，且应满足管道内的消防供水压力应保证用水量达到最大时，最低压力不小于 0.3 MPa。泵房内设置稳压装置，保证管网准工作状态下的水压。

（三）隧道排水系统

隧道排水系统主要包括废水系统和雨水系统。排水采用分流制，废水排入城市污水管道，雨水排入城市雨水管道。

（1）隧道废水系统。隧道废水系统主要是将隧道内消防废水、结构渗入水、冲洗水及管道泄水漏水等通过道路边沟自流到废水泵房的集水池内，通过潜污排水泵提升后排至室外污水检查井。另外，在隧道最低点设废水泵房及集水池。

（2）隧道雨水系统。隧道雨水系统用于排除隧道无顶棚段、U 型槽段雨水，该项目废水泵房距离洞口较近，雨水通过横截沟排入废水泵房集水池内，通过潜污泵提升后排至室外污水检查井。有顶棚一侧（东侧）的 U 型槽段，因变坡点位于顶棚范围内，所以洞口不考虑雨水流入。

（四）隧道排水系统

1）管材

（1）生产、生活给水管道。室内生产、生活给水管采用防腐蚀、满足强度及水质要求的内衬塑复合钢管，丝扣连接；与设备、阀门、水表、水嘴等连接时，采用相匹配的专用管件或过渡接头；室外埋地生产生活给水管管径 DN ＜ 80 时采用 PE100 管，热熔连接；管径 DN ≥ 80 时采用球墨铸铁管，用橡胶圈承插接口。管道的管件、配件采用与管道材质相应的材料，管件、配件等管道附件的工作压力与该管道系统的供水压力相一致。另外，管道的管件均须与管道配套供应。

（2）排水管道。压力排水管道采用内外热浸镀锌钢管，管径 DN ≤ 65 时采用丝扣连接，管径 DN ＞ 65 时采用卡箍连接，管道与阀门采用法兰连接。室外重力排水管管材采用Ⅱ级钢筋混凝土管，承插接口。

（3）消防给水管道。隧道室内消防给水管采用内外热浸镀锌钢管，管径 DN ≤ 65 时采用丝扣连接，管径 DN ＞ 65 时采用卡箍连接，管道与阀门采用法兰连接。隧道室外消防给水管采用 K9 级球墨铸铁管，"T"形橡胶圈接口，管内防腐层为水泥砂浆内衬，管外防腐为管外壁刷冷底子油一道、石油沥青两道。

（4）管道及保温设施。室外埋设的给排水管道要求均敷设在冻土层以下，室外消防设施均采用地埋式。特殊部位的室外管道及在冻土深度以上的埋地管道需做保温，保温材料为玻璃棉，外缠玻璃丝布，保温层厚度不小于 50 mm。风井、隧道内明装的消防及给排水管道及附件均做保温措施。距洞口 100 m 范围内采用电伴热保温系统，其他部位所有给水排水管道均需做防结露保温，保温材料为 B1 级橡塑材料，其中距洞口 100 ～ 200 m 范围内隧道排风井两侧及风井内管道保温层厚度为 40 mm；其他位置管道保温层厚度为 15 mm。

2）阀门

（1）压力排水管：采用铜芯球墨铸铁外壳闸阀，公称压力为 1.0 MPa。

（2）消防给水管：采用球墨铸铁双向型蝶阀，公称压力为 1.6 MPa。

（3）止回阀：消防泵出水管上安装防水锤消声止回阀，排水泵出水管采用橡胶瓣止回阀。

（4）隧道消防干管最高点设置排气阀，消火栓系统最不利点设置带有压力表的试验消火栓。

（5）给水管管径 DN ≤ 50 时采用铜质截止阀，DN ＞ 50 时采用铜质闸阀。

（6）消防水泵吸水出水管设置带自锁装置的蝶阀。

3）附件

（1）所有灭火器及消防设备箱体均采用不锈钢钢板制作，并有明显标记，箱门缝隙处贴防火密封胶条，以防止灰尘及有害物质对消防设备的侵蚀。

（2）隧道内间隔 100 m 设置一只不锈钢金属软管，软管设于变形缝处；蝶阀处设置一个不锈钢伸缩器。

（3）消防水泵及稳压泵基础采用隔震安装，并设置限位器，由水泵厂家配套提供。

（4）全部给水配件均采用节水型产品，不得采用淘汰产品。

（5）所有管道穿防火墙处，用非燃烧材料将缝隙紧密填塞。立管穿越楼层处设置阻火圈。管道穿越结构剪力墙、梁、板处预留各种套管，有防水要求时预留防水套管，套管及防水套管尺寸比安装管大 1~2 号。

六、电气及监控设计

（一）项目概况

该项目为三类城市交通隧道。

（二）设计范围及设计内容

该项目供电与照明设计的范围为地下通道范围内的供电与照明设计，包括地下道路、进出匝道、附属建筑物（变电所、雨水泵房、消防泵房等）。

（三）设计原则

（1）供电时应确保安全可靠地正常运行，满足设计规范中对不同等级负荷的供电要求。除提供符合规范要求的正常工作电源外，还应设置应急电源，以防在该项目所有供电电源失电时，对该项目的应急照明、监控、火灾报警控制系统等重要用电负荷进行一段时间的连续供电。

（2）以国家规范及相关行业标准为主要设计依据。

（3）该项目 220/380 V 配电系统的接地型式为 TN-S 制，从变配电室低压馈线处线即严格分开 N 线和 PE，并做等电位连接。

（4）220/380 V 配电系统的无功补偿采用大容量感性用电设备单机就地补偿和在变电所低压配电柜上集中补偿相结合的方式。

（5）选用技术先进、成熟可靠并经过类似工作环境的长期运营考验、性能稳定、价格合理的设备。

（四）供配电设计

（1）负荷等级及容量。三类隧道内的消防设备按照二级负荷供电。地下道路内的应急照明、消防动力、雨水泵、监控报警设施等，均按二级负荷供电，其他普通照明、检修电源等按照三级负荷供电。该项目总负荷容量为 524 kW，其中二级负荷容量为 392 kW。

（2）变配电室设置。本次设计范围内设置一座变配电室，为地下道路及地下道路外的消防水泵房、监控室提供电源。变配电室内设置 2 台变压器，型号为 SCB13-500 kVA，两台变压器互为备用，每台都可以为所有二级负荷提供电源。

（3）供电电源及电压等级。该项目采用 10 kV 电源供电。变配电室引入两路 10 kV 电力电缆，作为工作电源。10 kV 电力进线位置、方式由电力部门确定。

（4）供电系统主接线方式。① 该项目 10 kV 供电系统采用单母线分段接线方式。两路电源同时工作，互为备用。② 该项目 400 V 供电系统采用单母线加联络接线方式。两台变压器的低压侧总开关增加互锁装置，两台变压器同时运行，正常情况时，两路进线开关同时合上，分段开关断开；当一路进线电源因故停运时，分段开关自动合上，恢复失压段母排供电。

（5）继电保护方式。10 kV 进线回路：无时限电流速断保护、过流保护、接地保护；变压器出线回路：带时限的过电流保护、电流速断保护、过负荷保护、温度保护。

（6）功率因数补偿方式。① 采用低压集中自动补偿方式，在变配电所低压侧设功率因数自动补偿装置，补偿容量不少于变压器容量的 30%。② 对于远离变电所的大容量感性用电设备，如风机房的轴流风机等，则采用单机就地补偿的方式，补偿后的功率因数不小于 0.9。

（7）计量方式及设计分界点。该项目计量采用高供高计，10 kV 进线侧设总表计量。

（8）电缆敷设方式：10 kV 电缆自总变电所分出后，经地埋至分变电所。

（五）动力配电

动力设备供电采用放射式和树干式相结合的供电方式。对于通风机、水泵等大容量用电设备，由变电所低压母线接引独立回路，采用放射式供电，在大容量设备处设置降压软启动或变频启动装置；对于用电容量较小、比较分散的用电设备，采用树干式供电方式对各用电设备进行供电。

（六）防雷及接地系统

（1）低压配电系统采用 TN-S 接地系统，设专用 PE 线。

（2）变电所内 10 kV 电源进线侧装设避雷装置，出线侧装设操作过电压吸收装置。低压开关柜总进线处装设防浪涌保护装置。

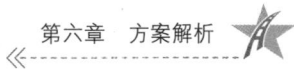

（3）该项目采用共用接地装置，要求接地电阻不大于 1 欧姆。实测不满足要求时，增设人工接地极。

（4）凡正常不带电，而当绝缘破坏有可能呈现电压的一切电气设备金属外壳，均应可靠接地。

（5）该项目采用总等电位连接，总等电位板由紫铜板制成，应将建筑物内保护干线、设备进线总管、建筑物金属构件进行连接。

（七）照明系统设计

（1）主要技术标准。设计车速：40 km/h；车道数：2 车道。

（2）照明标准。

该项目照明按单向行驶 2 车道要求进行设计，单向交通量 ≥ 2 400 辆 / 小时。根据《公路隧道照明设计细则》（JTG/T D70/2-01—2014），通道照明各段长度和照度要求如下。

洞外亮度：3 000 cd/m^2。

入口段：长度为 22 m，亮度为 35 cd/m^2。

过渡一段：长度为 26 m，亮度为 10.5 cd/m^2。

过渡二段：长度为 44 m，亮度为 3.5 cd/m^2。

基本段：亮度为 1.5 cd/m^2。

出口段：长度为 60 m，亮度为 7.5 cd/m^2。

（3）照明光源选择。选择 LED 灯作为通道照明光源，采用满足通道照明配光需要、防腐性能好、方便维护、防护等级达到 IP65 和功率因数大于 0.9 的铝合金壳体照明灯具。

（4）照明布置方案。地下道路内灯具沿通道两侧对称布置。

（5）照明控制。既要保证通道的舒适度、亮度要求，又要充分节约能源、降低运行费用。通道加强照明按阴天（清晨、傍晚）、中午（白天的其他时段）控制。

（6）照明配电。照明配电采用放射式，在变配电室位置各通道行车方向左侧各设一台照明配电控制柜，沿纵向分别对通道内各段照明灯具实施交叉配电。同一配电回路照明灯具三相均布。照明灯具额定电压为 AC220V。

（7）应急照明系统。根据《建筑设计防火规范》（GB 50016—2014）（2018 年版）规定，城市地下道路应设置消防应急照明灯具和疏散指示标志，以确保事故发生时，疏散及救助工作的安全进行。在通道中设置集中控制型应急照明和疏散指示照明系统，持续工作时间 90 min。沿通道间隔 20 m 设置疏散标志指示灯，安装高度为中心距地 0.5 m。沿通道间隔 45 m 设置消防应急照明灯，采用 20 W LED 灯，对称布置。

通道内消防应急照明亮度为 0.2 cd/m²，满足事故应急处理和交通管制的需要。

（8）照明节能。合理的照明方案和供配电系统是有效节能的前提。通过合理布置照明灯具、优化照明控制和照明供配电系统等措施，实现降低照明用电能耗。通道照明灯具设单灯补偿，以提高功率因数，减少无功损耗。同时，积极采用绿色节能设备和电源装置等措施，有效节能。LED 灯应有国家认可的质量监督检测机构出具的正规检测报告，系统光效高于 90 lm/W。

（9）附属设施照明。① 照度：泵房、风机房 100 lx；监控室 300 lx；变配电室 200 lx；通道 150 lx。② 照明电源采用 BV-0.5kV-2.5 mm² 导线沿墙穿热镀锌厚壁钢管，管暗敷设。③ 灯具防护等级为 IP65，配节能型电感镇流器，镇流器需符合国家能效标准。④ 在所有照明回路穿管配线的施工中，不同回路必须分管配线。

七、供配电及照明项目

（一）项目概况

地下道路监控系统旨在保证通道的正常运行。

（二）设计范围及设计内容

本通道监控系统包括交通监控系统、设备监控系统、视频监控系统、火灾自动报警及消防联动控制系统、有线电话系统、有线广播系统、无线通信系统。中央控制管理系统在监控中心内集成，不在该项目范围内。

（三）设计原则

通道监控系统的设计立足于"以人为本"的理念，通过采用各种先进的技术，建立一套智能化监控系统，实现对通道的自动、高效、便捷运行管理，从而实现：在常态下，交通安全顺畅，环境舒适，各系统设备运行科学节能；在发生各种事件状态下，事件检测迅速准确，反应快速合理，能最大程度地降低事件所引起的负面后果，减少生命财产损失。

（四）总体要求

通道监控系统采用综合监控的方法，实现多专业综合，多功能集成，多系统信息互通、资源共享。

监控中心的日常监控操作采用桌面显示器，大屏幕综合显示屏主要满足应急指挥的使用要求，并遵循简单、实用、美观的原则。

通道监控系统设计应遵从简单实用的原则，在安全可靠并且满足功能要求的前提下，积极采用先进技术和先进设备，配置简化，功能实用，操作便捷，运行可靠，维护方便。

系统设计应注重集成自动化，使系统之间相协调，尽量减少人为判断，避免人工操作的失误。

（五）交通监控系统

交通监控系统主要负责通道的交通协调和运营管理，监视车辆运行，采集通道内车辆的平均车速、车流量、车型、道路占有率等交通参数。其目标是保障通道行车安全，提高通行效率，有效进行交通管理，尽可能避免二次事故的发生。

（六）设备监控系统

设备监控系统由环境质量监测、电力监控及机电设备监控组成。设备监控系统负责对通道内的环境进行监测，并依据监测结果对相关机电设备进行控制。

（1）环境质量监测。环境监测项目包括一氧化碳浓度、能见度（VI）、风向风速、室外光照度检测等。环境质量监测仪应设置在环境质量有代表性的断面处。

（2）电力监控。电力监控的目标是保障通道供电系统的正常运行，并且在发生供电故障时，及时调整线路和负荷，以保证消防、照明、通风等主要设备的供电。在设置变电所远程数据采集设备和就地控制设备时，正常情况下，由中央控制室实施集中数据采集和监测；检修或维护时，可以在变电所就地控制装置面板或开关柜面板上手动操作供配电设备。

（3）机电设备监控。根据环境条件和通道运营情况，合理调度、控制通道的通风、排水、照明设施，实现优化运行，达到节能的目的。机电设备监控的主要对象包括射流风机、送/排风机、排水泵、废水泵、雨水泵、照明控制箱等。

（4）系统构成。该系统由管理工作站、PLC柜以及网络交换设备等组成。该项目共设置1台PLC柜。管理工作站设置在管理所内，并在配电室内设置1台PLC柜，对地道内所有设备进行控制，并对通道内的射流风机、雨废水泵、车道导向标志、一氧化碳浓度（CO）、能见度（VI）、风向风速仪、室外光照度等环境参数进行检测。

（七）视频监控系统

视频监控系统主要用于监视通道的交通运行状况，并对交通事故及火灾报警等信息给予确认，为中央控制室值班人员处理交通事故等提供最直接、最直观的依据。

通道外摄像机可全方位监视洞口交通运行状况；通道内摄像机可连续监视通道内车辆运行情况和报警救援位置；重要设备用房内的摄像机可监视人员出入状况。

该系统主要包括前端摄像机、传输设备、监视器、录像设备、视频切换矩阵和视频分配器。通道内摄像机的布置间距为100 m，做到无视频死角。考虑到无人值守，在重要设备用房（包括变电所、泵房等）内设置安防摄像机。摄像机设置在顶部或墙角，以能看清人员进出和室内主要区域为原则。

各摄像机采集的视频及其控制信号通过网线接入现场的千兆以太网交换机，以光纤环网形式传送到监控中心并接入视频综合控制管理平台，实现对整个系统的设备管理、实时监控调度、大屏幕显示、视频存储检索回放、报警联动、视频检测分析等功能。

（八）火灾自动报警及消防联动控制系统

根据《火灾自动报警系统设计规范》（GB 50116—2013）中的规定，确定该项目保护对象为一级。火灾自动报警及消防联动控制系统由火灾自动报警系统、消防电话系统、消防广播系统及其联动控制系统构成。

（1）火灾自动报警系统。该系统由火灾报警管理工作站、火灾报警主机、火灾探测器、手动报警按钮、警铃、输入/输出模块等设备组成。

该项目采用两总线制式的火灾报警与消防联动一体化主机，火灾报警主机与管理工作站设置在中央控制室内。

在变电所、中央控制室、设备机房、管理用房、通风机房等房间内的火灾探测器采用点式感烟探测器；消防泵房内采用点式感温探测器。

通道车行区内火灾探测器采用分布式感温光纤和点型三光束火焰探测器。其中，报警主机设置在中央控制室；在双向通道每个洞内设置一根感温光纤，通过安装支架沿通道中心线进行顶部敷设。火焰探测器布置间距为 25 m，地道两侧交错布置。

在通道车行区内设置防水防潮型手动报警按钮和电话插孔，设置间距为 50 m。在设备用房公共走廊设置手动报警按钮和警铃，手动报警按钮设置间距需满足《火灾自动报警系统设计规范》（GB 50116—2013）中的相关要求。

在通道车行区内将输入/输出模块集中安装在模块箱内，便于管理及维修。

（2）消防电话系统。按照《火灾自动报警系统设计规范》（GB 50116—2013）中的相关要求，该项目设置独立的消防电话系统，由消防电话主机、消防专用电话分机、电话插孔等组成。其中，消防电话主机设置在中央控制室内；消防专用电话分机设置在中央控制室、变电所、消防泵房及主要通风机房等房间内；电话插孔则与手动报警按钮成组设置。

（3）消防广播系统。该项目不设置独立的消防广播系统，发生火灾时有线广播系统作为消防广播使用。

（4）联动控制系统。消火栓按钮启动后，直接启动消火栓泵。消防控制室能显示报警部位并接收其反馈信号。在消防控制室可通过火灾监控管理工作站启动消火栓泵，并接收其反馈信号。在消防控制室联动控制台（或控制面板）上可通过手动按钮直接控制消火栓泵，并接收其反馈信号。

当联动控制方式为自动且通道内火灾探测器两点报警时，自动联动打开着火点所在洞内所有射流风机。在消防控制室可通过火灾监控管理工作站启动射流风机，并接收其反馈信号。在消防控制室联动控制台（或控制面板）上可通过手动按钮直接控制射流风机，并接收其反馈信号。

（九）有线电话系统

有线电话系统包括业务电话系统和紧急电话系统。

各种电话通信需求在同一套程控电话交换机的基础上进行扩展，不设置专门的调度电话总机和紧急电话控制主机。中央控制室设置与消防、公安、救护、交通等部门的专线电话，由交换机设置直呼功能。

（十）有线广播系统

有线广播系统主要在通道内阻塞、发生交通事故、发生火灾等情况下使用。当通道内发生交通事故或火灾时，控制中心的值班人员通过广播系统向通道内车辆进行喊话，向通道内传递信息、进行避难指导。因此，通道有线广播系统是处理火灾等重大事故的重要手段。平时也可利用此系统灵活传递前方通道养护施工状态或交通信息。

一般情况下，汽车在通道内低速行驶或停车时，车内人员能够听清广播内容；当通道内出现异常情况时，中央控制室管理人员能够通过有线广播设施向通道内人员发布信息并对车辆及人员进行疏导。

广播的播放范围包括车行通道内部、通道出入口、设备用房等区域，广播的内容包括交通提示、紧急疏散、应急救援和日常业务管理。

该系统由音频切换矩阵、功率放大器、广播控制盒、扬声器、网络交换设备、广播呼叫站、AM/FM 调音台、CD 机等组成。通道内部采用分音区选路广播，不同区域能够同时进行不同内容的广播，音区长度按 200 m 考虑。

（十一）无线通信系统

该系统包括调频广播系统、通道专用无线对讲系统（400 M）、公安常规及消防无线信号引入系统（350 M）、消防无线本地转发系统和公安集群无线信号引入系统（800 M）。

该系统主要由调度主机、公安及调度射频直放站、天线、对讲机、信号分配设备、分合路设备（POI）及漏泄同轴电缆（LCX）等设备组成。

该系统在通道每个洞内中心线顶部敷设一根漏泄同轴电缆；在管理用房、设备用房区域设置室内吸顶全向天线；在通道暗埋段处、入口处设置室外定向天线，进行无线信号覆盖。漏泄同轴电缆、各天线则直接通过射频电缆与监控中心 POI 连接。

商用公众移动通信系统不在本设计范围内，该项目仅提供接入条件。

（十二）控制管理系统

该系统监测、控制通道的运行状况及各种设备的运行和故障处理，协调各系统工作。同时，收集、分析、处理通道的各种状态数据和运行数据，包括分类、汇总、存储、查询、统计、趋势、报表以及设备的运行记录、维修记录等，进行各系统的运行模拟和仿真，提供优化运行方案，达到节能和提高运行效率的目的。在事故、火灾等紧急情况下的救援指挥中，该系统提供针对突发事件的应急预案。

中央控制管理系统主要由计算机网络系统、显示系统及软件系统等组成。计算机网络系统主要由各子系统管理工作站组成，包括火灾报警管理工作站、设备监控工作站、交通监控工作站、视频监控工作站、视频存储服务器和 IO 服务器。整个计算机的控制管理系统以主干交换机为核心组成一个局域网结构。

（十三）供电、防雷与接地

综合监控系统设备按二级负荷供电，由变电所分别引入两路独立的三相交流电源进线，受电点为监控中心设备机房，另外设置一套 30 kVA UPS 以及弱电配电柜（箱）为整个项目所有的弱电设备供电。火灾报警及消防联动系统电源由专用的双电源切换箱提供并配备蓄电池作为应急电源。

综合监控系统采用联合接地方式，接地电阻 ≤ 1Ω。通道内外所有弱电设备金属外壳、金属构件等均应通过 PE 线与接地装置可靠连接以实现等电位连接。所有监控设备的电源箱引入点以及室外信号引入点处分别设置电源和信号防浪涌装置。室外设备的电源箱外壳及所有外露可导电体均应与立杆或龙门架可靠连接并利用立杆或龙门架基础接地。

（十四）信息传输及管道

监控中心和通道外场设备间数据传输（主要包括设备监控和交通监控）采用环形光纤百兆以太网；视频传输采用独立的环形光纤千兆以太网，传到中央控制室；电话网络传输采用独立的光纤环网。各系统之间设置独立的网络有利于保证系统的响应速度，且任一系统发生故障时不会影响其他系统的正常运行。

八、路基设计

1. 一般路基设计

道路施工前应先对路基内的树根、草根、腐殖土、生活垃圾等杂物进行清理，路基施工应严格按照规范实施，填方路段填料强度及压实标准应符合设计要求。

清表后采用粗粒土分层压实至路床底面。

2. 特殊路基处理

由于该项目暂无正式地勘报告，根据中间地勘，盖挖段西段施工时为淤泥层，故在盖挖范围内考虑换填，换填材料采用均质碎石土，换填厚度为 1 m。地下道路开挖后结构层基本处于粗砂和岩层中，地基承载力能够满足要求，本次设计暂不考虑特殊路基处理。

3. 路基填筑要求

（1）路基回填材料，应优先选用级配较好的砾类土、砂类土等粗粒土，细粒土仅可用于上下路堤填料。不得使用强膨胀土、泥炭、淤泥、有机质土、冻土、易溶盐超过允许含量的土以及液限大于 50%、塑性指数大于 26 的细粒土等，路基回填必须分层填筑、分层机械压实，回填材料分层的最大松铺厚度不应超过 30 cm；填筑至路床顶面最后一层的最小压实厚度不应小于 15 cm。路基回弹模量不小于 35 MPa，压实标准采用重型压实标准。

（2）各种岩石的开山、爆破尾料可视为石渣，石渣最大颗粒粒径应满足路基填料要求，粒径 4 cm 以上的石料含量为 30%～70%，含土量不大于 10%，软弱颗粒含量不大于 10%，石料压碎值不大于 35% 并应级配良好，不得采用统一粒径的石料。

表 6-8　路基填料最小强度、压实度（重型击实）及最大粒径要求

项目分类	路面底面以下深度（m）	压实度（%）	填料最小强度（CBR）（%）	填料最大粒径（mm）
填方路基	0～0.3	95	8	100
	0.3～0.8	95	5	100
	0.8～1.5	94	4	150
	1.5 以下	93	3	150
零填及挖方路基	0～0.3	95	8	100
	0.3～0.8	95	5	100

九、交通设计

该项目道路交通标志标线按照《城市道路交通标志和标线设置规范》（GB 51038—2015）的有关规定执行。

1. 设置原则

标志、标线设计应统筹考虑、整体布局，做到连贯、统一，给驾驶员提供正确的

道路交通信息，满足驾驶员安全使用道路的需要。

2. 设置方式

（1）交通标志设置方式。交通标志按功能可分为警告标志、禁令标志、指示标志、指路标志、辅助标志。标志采用主动发光型标志，标志设置方式采用悬臂式标志杆设置。

（2）交通标线设置方式。

交通标线按功能可分为指示标线、禁止标线、警告标线。该项目路段、路口等位置根据实际情况可分别设置车行道分界线、车行道路边缘线、人行横道线、导向箭头等指示标线。

该项目全线设置对向车道分界线：双黄线线宽为 15 cm；车道边缘线：白色实线，线宽为 15 cm，交叉口按标准设置各种导向箭头、人行横道线（线宽为 40 cm、间距为 60 cm）等。交通标线材料采用热熔型道路涂料，面撒反光玻璃珠。

根据相关规范要求，该项目在道路交叉口处和地下车库连通道处设置监控设施及电子警察、信号灯等交通设施。并在地下道路出入口端和两侧辅道处设置交通防护设施。

十、路面结构设计

1. 设计参数

（1）沥青混凝土路面设计使用年限：15 年。

（2）路面结构标准轴载：双轮组单轴载 100 kN（BZZ-100）。

2. 路面结构

考虑到道路景观要求，同时结合道路等级、交通量、通行车辆构成等综合设计，参照《青岛市城市道路技术导则》进行路面结构设计，最终确定本次设计的车行道路面结构为沥青混凝土路面。

路面结构自上至下依次为：

沥青玛蹄脂碎石混合料：（SMA-13）4 cm；

粘层沥青油：0.5 L/m^2；

粗粒式沥青混凝土：（AC-25C）8 cm；

透层沥青油：1.1 L/m^2；

下封层：1 cm；

水泥稳定碎石：36 cm（分两层铺筑）。

路基重型击实，压实度达 95% 以上。

人行道路面结构采用透水砖,通过形式、组合的变化,使其与周边景观统一和谐,道路路缘石、界石、平石等均采用花岗岩机切制作。

人行道路面结构自上至下依次为:

混凝土透水砖:5 cm;

中砂:5 cm;

级配碎石:15 cm;

路基重型击实,压实度达90%以上。

十一、景观设计

(一)设计范围及内容

景观设计范围为地道入口 K0+020 ~ K0+080 段以及地道出口 K1+180 ~ K1+620 段,总长度为 500 m。其设计内容包括行道树、路侧绿带、山体喷播、种植设计、竖向设计、设施设计等,总设计面积为 8 596 m²。

(二)设计原则

(1)生态优先。充分发挥道路绿化降噪滞尘、改善环境的作用,完善绿地系统,改善区域生态环境。

(2)以人为本。充分考虑人行、车行视觉感受,合理控制绿化种植节奏与韵律,形成流畅自然的线形景观。

(3)适地适树。绿化种植以当地乡土植物为主,充分尊重植物自身的生态习性,形成可持续的道路景观。

(4)特色鲜明。结合不同区段用地性质及环境特点,打造地域特征鲜明的特色景观。

(三)具体设计

1.行道树

行道树作为道路绿化系统连续性的主要构成元素,将直观反映城市区域风貌。在行道树的选择应用上,多以绿荫如盖、形态优美的落叶阔叶乔木为主。

青岛市常用行道树(表6-9)主要包括以下几种。

(1)法桐。法桐是公认的"行道树之王",是青岛市行道树的主力树种,在青岛市应用历史悠久,用量大、长势好、苗源充足;其生长迅速、适应性强、树体高大、枝叶茂密,具有良好的遮阴功能;抗烟尘,耐污染,滞尘降噪功能突出;其干皮斑驳,叶形、果形奇特,具有极高的观赏价值。以法桐作为行道树,经济合理,同时能够使道路整体风格与青岛市城市总体风貌有机结合。

（2）榉树。榉树为落叶乔木，高达 25 m。树冠呈倒卵状伞形，树干通直，树姿伸展，枝叶繁茂而秀丽，绿荫浓密，叶片入秋后变成红色、棕红色或黄褐色，果形奇特。该树种具有深根性，侧根广展，抗风力强，对土壤适应性强、较耐盐碱，适合在海滨地段栽植。榉树是我国特有珍稀植物，具有较高的景观观赏价值。

（3）白蜡。白蜡为落叶乔木，高为 15 m。其树干通直，枝条横展，姿态优美，既秀雅又壮观。其叶片繁茂而鲜绿，秋天呈金黄色，蔚为壮观，能增添季相变化。白蜡对土壤适应性较强，耐盐碱，深根性，根系发达，萌蘖力强，生长较快，是理想的行道树种。

（4）黄山栾。黄山栾树为落叶乔木，树形高大端正，冠多呈伞形，枝叶繁茂秀丽，春季嫩叶呈红色，夏花满树金黄色，花期为 60～90 天，秋叶鲜黄，秋冬季丹果满树，酷似灯笼，绚丽悦目，经冬不落。该树种对气候和土壤适应性强、具有深根性，抗风、耐干旱，季相明显，是极为美丽的行道树观赏树种，主要观赏期在 9 月到次年 2 月。

表6-9　青岛常用行道树比选表

名称	土壤适应性	生长速度	观赏特性	抗风性
法桐	强	中等	枝叶茂密，秋叶变黄褐色	抗粉尘、抗风
榉树	强	较快	秋叶变黄褐色，果形奇特	抗粉尘、抗风
白蜡	强	快	秋叶呈黄色	抗粉尘
黄山栾	强	较快	秋叶呈黄色，丹果满树	抗粉尘、抗风

通过对常用行道树的生态习性进行比选，综合考虑树种生态特性及原有道路风貌，选用胸径为 18 cm 的法桐作为行道树，采用树池形式，布置间距为 5 m，共计 45 株，栽植时避让管线。

2.路侧绿带

路侧绿带宽为 3～32 m，绿化面积为 3 433 m²。路侧绿带采用层次种植的方式，上层以雪松、银杏、白蜡等乔木塑造绿化骨架，片植紫叶李、木槿等花乔木，打造四季多彩的中层景观；下层以大叶黄杨、红叶石楠等常绿灌木绿篱搭配连翘、绣线菊等特色花篱划分种植空间，局部点缀观赏草、宿根花卉及景石，打造自然、多彩的道路景观。路侧绿带效果图如图 6-12 所示。

在珠江路与江山路、太行山路交口节点处进行特色设计，通过自然灵动的曲线布局、起伏的地形塑造、丰富的植物组团等方式强调观赏性及标识性。以造型树种及开

花彩叶植物为主，精心选择枝干优美、花繁叶茂的丛生朴树、樱花、紫叶李、红枫等观赏性强的树种进行造景搭配，减少大面积色块状种植的灌木，使中下层灌木尽量多地呈丛状、自然块状，同时增加耐阴、色叶、开花地被等，营造标志性节点景观，凸显景观特色。

图 6-12 路侧绿带效果图

3. 山体喷播

K1+180～K1+620 段道路北侧现状山体高差较大，为裸露山体，设计采用山体喷播建植技术构建植被护坡，面积为 8 297 m²。喷播的草种选用根系发达、生长成坪快、抗旱、耐贫瘠的多年生品种，同时还应考虑品种的抗冻性。利用草种的互补性，如豆科和禾本科、深根性和浅根性、暖季与冷季等特性进行混合喷播，起到护坡固土，绿化坡面，增加生态功能和美化环境的作用。

（四）专项设计

1. 苗木迁移

对位于施工范围内的行道树、路侧绿带苗木进行迁移，乔木迁移约 728 株，灌木迁移约 400 株。

2. 种植设计

（1）设计原则。种植设计要遵循本区植被所展示的自然规律，充分利用场地现有资源，结合本市园林绿化要求和实际情况进行设计提升。

以乡土树种为主，适当选用一些经过长期考验并适应本地风土条件的外来树种。乡土树种具有适应性强，最适合本地的风土条件、抗御各种恶劣环境的能力强、生长健壮、种苗易得等优点。

苗木选择要本着适地适树的原则。根据不同节点的具体情况，灵活种植，丰富植物景观效果，降低养护管理成本。同时，尊重自然，增添景观的季相变化。

另外，要本着近期与远期相结合，速生树与慢生树相结合的原则。适当选用一些较大规格苗木以及速生苗木，保证较快、较好地形成植物景观效果。

（2）植栽策略。

根据竖向高度，植栽可分为三层：最上层为乔木，是植栽群落的主体构架。乔木群可以用来强调主要的视觉焦点、遮挡不良视线和景观，同时可以作为优质景点的背景。最上层乔木可选用本土树种和引种时间长、长势良好的树种。中层为中等体量的灌木丛，同乔木一样，灌木丛可以用于遮挡和衬托主景，茂密的灌木丛也可以阻隔噪声和污染。最下层为地被和草坪，草坪覆盖裸露的土壤，为室外活动提供空间，而地被则是由灌木向草坪过渡的部分，丰富了视觉层次，减小了高差差距引起的冲突感。同时也可以作为铺装地坪与草坪间的衔接，避免过于生硬。

3. 竖向设计

本次景观设计强调地形的营造，以打造优美的观景点，同时注重微地形及私密空间的营造。

本次设计在道路节点处进行地形塑造，结合植物生长所需的土壤坡度及排水要求，在道路节点绿化范围内合理塑造绿化地形，中心地形缓慢抬高，高度不超过 2 m，地形坡度控制在 10% 以内，以形成绿化观赏的最佳展示面。同时，通过竖向高度的变化，进一步丰富绿化带空间层次，形成高低错落、疏密有致的韵律感，使车行与人行不同的观景需求都得到满足，同时发挥路侧绿带防风降尘、阻隔噪声的生态功能。

4. 设施设计

（1）垃圾箱。采用环保、低消耗、不易损坏、方便维护的产品，根据行人的行为习惯及设施功能进行合理布置。考虑分类垃圾箱，布置间距为 100 m，共设置 15 个。

（2）座椅。座椅材质以石材为主，局部结合塑木，在注重其艺术效果的同时，能很好地与自然相融合。座椅间隔为 100 m，共布置 10 个。

5. 苗木表

地下道路出口苗木表，如表 6-10 所示。

表 6-10　地下道路出口苗木表

乔灌木					
序号	名称	规格			数量（株）	备注
		胸（地）径（cm）	高度（cm）	冠幅（cm）	数量（株）	备注
1	白蜡 B	D: 20	400	350	18	平头 全冠，树形美观、挺拔
2	造型黑松 B	D: 15	350	300	10	平头 全冠，树形美观、挺拔
3	造型黑松 A	D: 20	280~300	250	1	平头 全冠，树形美观、挺拔
4	对节白蜡 B	D: 18	250	220	2	平头 全冠，树形美观、挺拔
5	对节白蜡 A	—	600	300	37	树形美观，裙摆完整（实生苗）
6	雪松 B	—	400	240	9	全冠，树形饱满
7	白皮松 C	各分枝 7.0	700	400	3	全冠，树形美观、饱满，不少于 5 分枝
8	丛生朴树	各分枝 7.0	800	400	10	全冠，树形美观、饱满，不少于 5 分枝
9	丛生银杏	12	700	280	24	全冠，树形美观、挺拔
10	楸树 B	15	550	400	71	全冠，树形美观、挺拔
11	五角枫 A	D: 13	400	300	7	全冠，树形美观、挺拔
12	山杏 E	D: 10	350	200	85	全冠，树形美观、挺拔
13	日本晚樱 C	D: 10	350	200	46	全冠，树形美观、挺拔
14	紫叶李 C	D: 6	200	100	80	全冠，树形美观、挺拔
15	西府海棠 C	—	120	100	27	株形美观、饱满
16	大叶黄杨 C	—	250	250	1	株形美观、饱满
17	红叶石楠 A	—	150	120	36	株形美观、饱满
18	红叶石楠 C	—	150	130	24	株形美观、饱满
19	银姬小蜡 A	—	—	—	19	千层石，1.5 m×1.5 m×1.2 m
20	景石 A	—	—	—	40	千层石，1.2 m×1.0 m×1.0 m

灌木地被				
序号	名称	规格			备注
		高度（cm）	冠幅（cm）	面积（m²）	备注
1	丰花月季	60	35	393	16 株／平方米
2	大叶黄杨	60	35	240	16 株／平方米，高度为修剪后，栽植后不露土
3	红叶石楠	60	35	197	16 株／平方米，高度为修剪后，栽植后不露土
4	金边黄杨	40	25	228	25 株／平方米，高度为修剪后，栽植后不露土

续表

灌木地被				
序号	名称	规格		备注
		高度（cm）	冠幅（cm）	面积（m²）	

序号	名称	高度（cm）	冠幅（cm）	面积（m²）	备注
5	瓜子黄杨	40	25	380	25 株 / 平方米，高度为修剪后，栽植后不露土
6	毛鹃	35	20	245	36 株 / 平方米，高度为修剪后，栽植后不露土
7	八仙花	40	25	215	16 株 / 平方米
8	常春藤	藤长 > 60	—	1 092	两年生，16 株 / 平方米
9	细叶麦冬	> 20	—	896	3 ~ 5 芽 / 丛，64 丛 / 平方米
10	常绿草坪	—	—	3 819	成品满铺
11	时令花卉（红）	—	11	329	120 株 / 平方米，按季节更换，一年至少更换四次
12	时令花卉（黄）	—	11	211	120 株 / 平方米，按季节更换，一年至少更换四次
13	时令花卉（粉）	—	11	351	120 株 / 平方米，按季节更换，一年至少更换四次

第四节 地上道路项目

一、道路设计

（一）平面设计

华东路道路平面设计基本遵照现状进行设计。道路全线共设 3 处圆曲线，半径分别为 270 m、700 m、350 m。黄河路道路平面设计基本遵照现状，道路全线为一条直线。

本次设计范围共包含华东路与黄河路、芳华路、荟萃路、凤华路、兴华大道、春华路等；黄河路与华东路及宿舍门前 7 处岔口。

其中，校园内部道路均为现状路。

（二）纵断面设计

纵断面设计在满足规范的前提下，应统筹考虑以下因素。

（1）纵断面设计要满足地区防洪要求、道路交通要求。

（2）充分利用自然地形及合理改造自然地形。

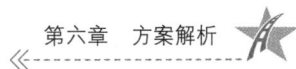

（3）在满足防洪、排洪等要求的情况下，尽量降低路面整体高度，减少填方量，从而降低项目造价。

（4）道路纵坡、最小坡长等均应满足相关规范要求，并使纵断面线形合理、顺畅、优美。

华东路与黄河路交叉口位置由于地下道路距离江山路较近，需整体抬高 5 m 左右，导致华东路向西延伸 120 m、黄河路范围内南北两侧各延伸 95 m 范围内需进行竖向顺接，华东路除西侧顺接段外，其余均与现状基本保持一致。

华东路道路全线共设置 5 处竖曲线，最小坡长为 60 m，最小坡度为 0.201%，最大坡度为 6.102%，最小凸形竖曲线半径为 550 m，最小凹形竖曲线半径为 700 m，最小竖曲线长度为 36.3 m。

黄河路道路全线共设置 3 处竖曲线，最小坡长为 74 m，最小坡度为 0.101%，最大坡度为 8%，最小凸形竖曲线半径为 345 m，最小凹形竖曲线半径为 550 m，最小竖曲线长度为 44.3 m。

（三）横断面设计

横断面布置不仅要符合规划，满足区域交通需求，保证车辆安全行驶，行人、非机动车安全通行，而且还要考虑道路沿线地块的用地性质，充分考虑道路的景观要求，使其与周边地区开发环境相融合。

道路横断面主要遵照现状情况进行设计。

华东路道路标准横断面形式为：

3 m（人行道）+9 m（车行道）+3 m（人行道）=15 m。

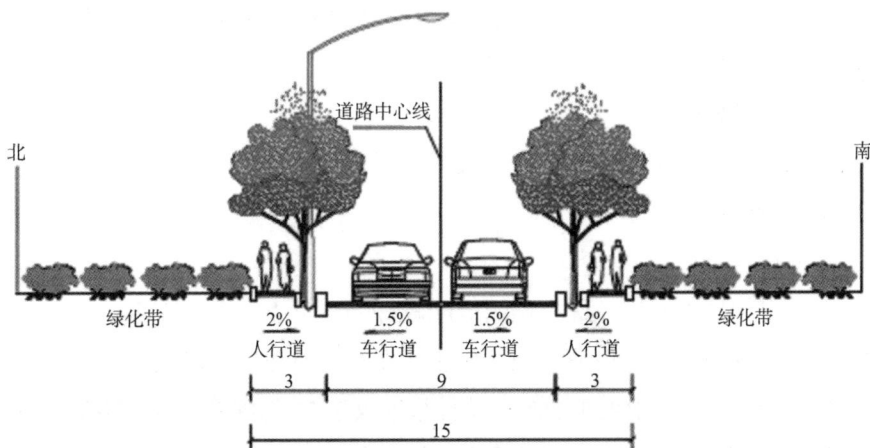

图 6-13　华东路道路标准横断面设计图（单位：m）

黄河路道路标准横断面形式为：

1.5 m（人行道）+7 m（车行道）+1.5 m（人行道）=10 m。

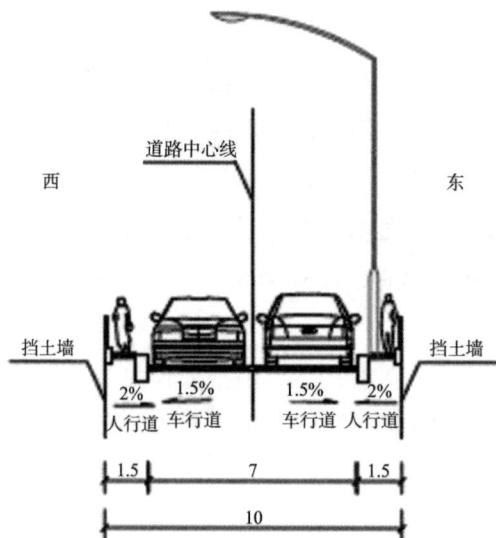

图 6-14　黄河路道路标准横断面设计图（单位：m）

车行道采用 1.5% 的双面横坡，坡向人行道，人行道采用 2% 的单面横坡，坡向车行道。

（四）路基及边坡设计

1. 一般路基设计

道路施工前应先对路基内的树根、草根、腐殖土、生活垃圾等杂物进行清理，路基施工应严格按照规范进行，填方路段填料强度及压实标准应符合相关设计要求。

清表后采用粗粒土分层压实至路床底面。

2. 特殊路基处理

由于该项目暂无正式地勘报告，根据中间地勘报告，地下道路整体开挖后考虑利用粗粒土进行回填。

3. 路基填筑要求

（1）路基回填材料，应优先选用级配较好的砾类土、砂类土等粗粒土，细粒土仅可用于上下路堤填料。不得使用强膨胀土、泥炭、淤泥、有机质土、冻土、易溶盐超过允许含量的土以及液限大于 50%、塑性指数大于 26 的细粒土等，路基回填必须分层填筑、分层机械压实，回填材料分层的最大松铺厚度不应超过 30 cm；填筑至路床顶面最后一层的最小压实厚度，不应小于 15 cm。路基回弹模量不小于 35 MPa，压实标准采用重型压实标准。

（2）各种岩石的开山、爆破尾料可视为石渣，石渣最大颗粒粒径应满足路基填料要求，粒径 4 cm 以上的石料含量为 30%～70%，含土量不大于 10%，软弱颗粒含量不大于 10%，石料压碎值不大于 35% 并应级配良好，不得采用统一粒径的石料。

表6-11　路基填料最小强度、压实度（重型击实）及最大粒径要求

项目分类	路面底面以下深度（m）	压实度（%）	填料最小强度（CBR）（%）	填料最大粒径（mm）
填方路基	0～0.3	95	8	100
	0.3～0.8	95	5	100
	0.8～1.5	94	4	150
	1.5 以下	93	3	150
零填方及挖方路基	0～0.3	95	8	100
	0.3～0.8	95	5	100

4. 边坡设计

考虑到整体和两侧竖向的衔接，根据道路纵断面设计情况，利用两侧绿化空间对华东路进行边坡顺接。

由于黄河路道路抬升高度较高，且道路两侧不具备放坡空间，拟采用支挡结构形成路基。其支挡结构实施长度为 113.4 m，设计为钢筋混凝土 U 形槽形式，由于地质情况较差，采用旋喷桩进行地基处理。

设计基准期：100 年。

设计使用年限：100 年。

设计荷载：城-A 级。

地震基本烈度：7 度；地震峰值加速度：0.1 g。

U 形槽主体采用 C50 钢筋混凝土结构，耐久性要求同隧道段。U 形槽底板埋深为 1 m，结构总高为 1.5～8.1 m。侧壁顶面设钢制防撞护栏，侧壁外露部分采用干挂石材装饰。

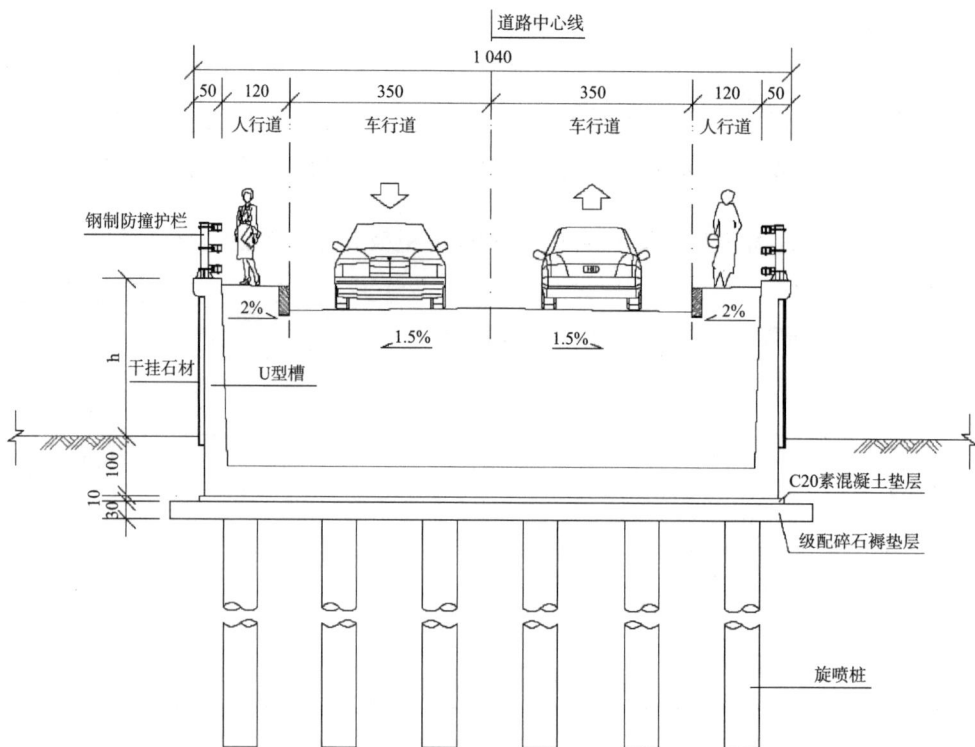

图 6-15 U 形槽断面示意（单位：cm）

U 形槽外露高度 3 m 以内范围，要求处理后地基承载力不低于 130 kPa，旋喷桩直径设计为 60 cm，矩形布桩，纵横向间距为 1.75 m；U 形槽外露高度 3 m 以外范围，要求处理后地基承载力不低于 180 kPa，旋喷桩直径为 60 cm，矩形布桩，纵横向间距为 1.5 m。处理后能否达到设计要求，以试验数据为准。

U 形槽每隔 15 m 及地质变化处设置变形缝，缝宽为 2 cm，采用浸沥青木板三面填塞。槽内回填按填方路基设计要求。侧壁泄水孔采用直径 100 mm 硬质 PVC 排水管，坡度为 5%，纵横向间距为 1.5 m，呈梅花形排列。

（五）路面结构设计

1. 设计参数

（1）沥青混凝土路面设计使用年限：15 年。

（2）路面结构标准轴载：双轮组单轴载 100 kN（BZZ-100）。

2. 路面结构

考虑到道路景观要求，同时结合道路等级、交通量、通行车辆构成等综合设计，参照《青岛市城市道路技术导则》进行路面结构设计，最终确定本次设计车行道路面结构为沥青混凝土路面。

路面结构自上至下依次为：

沥青玛蹄脂碎石混合料：（SMA-13）4 cm；

粘层沥青油：0.5 L/m²；

中粒式沥青混凝土：（AC-25C）6 cm；

透层沥青油：1.1 L/m²；

水泥稳定碎石：32 cm（分两层铺筑）。

路基重型击实，压实度达 95% 以上。

（六）人行道设计

人行道路面结构采用透水砖，通过形式、组合的变化，使其与周边景观统一和谐，道路路缘石、界石、平石等均采用花岗岩机切制作。

人行道路面结构自上至下依次为：

混凝土透水砖：5 cm；

中砂：5 cm；

级配碎石：15 cm。

路基重型击实，压实度达 90% 以上。

二、管线设计

（一）管线综合

地上管线分为学校内部及市政道路部分。本次管线迁改原则为保持原管线系统不变，仅根据建设主体迁移管线位置，同时对现状雨水管道进行复核，对不满足要求的进行扩径。

1. 学校内部

（1）黄河路—芳华路。现状存在污水，雨水、给水、热力、通信等管线，设计将雨污水迁改至北侧绿化带下，给水迁改至两侧绿化带，热力管线迁改至南侧绿化带。具体管线布置如图 6-16 所示。

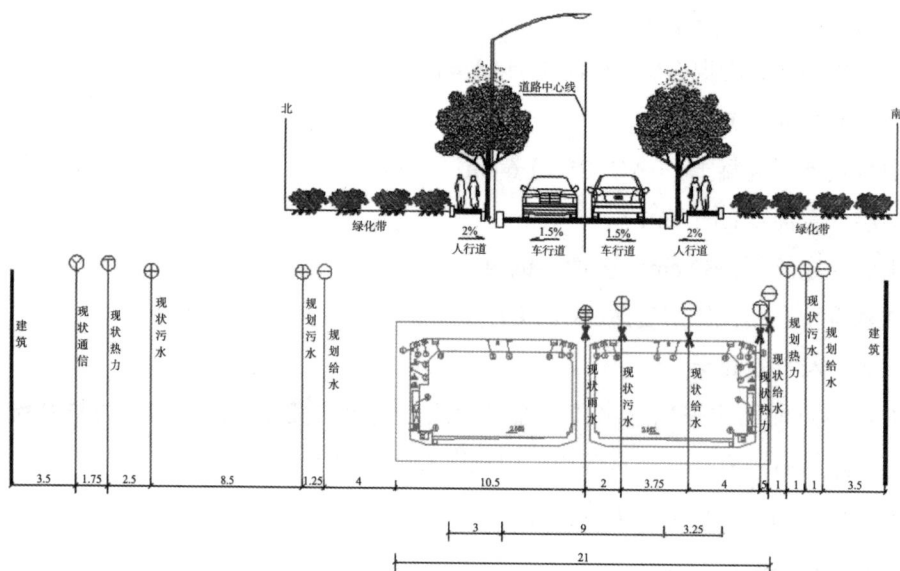

图 6-16　黄河路—芳华路管线标准横断面图（单位：m）

（2）芳华路—荟萃路。现状存在污水、雨水、给水、热力等管线，设计将雨污水管线迁改至北侧绿化带下，给水迁改至两侧绿化带，热力管线可临时废除，待隧道施工完毕后将热力管线恢复原状。具体管线布置如图6-17所示。

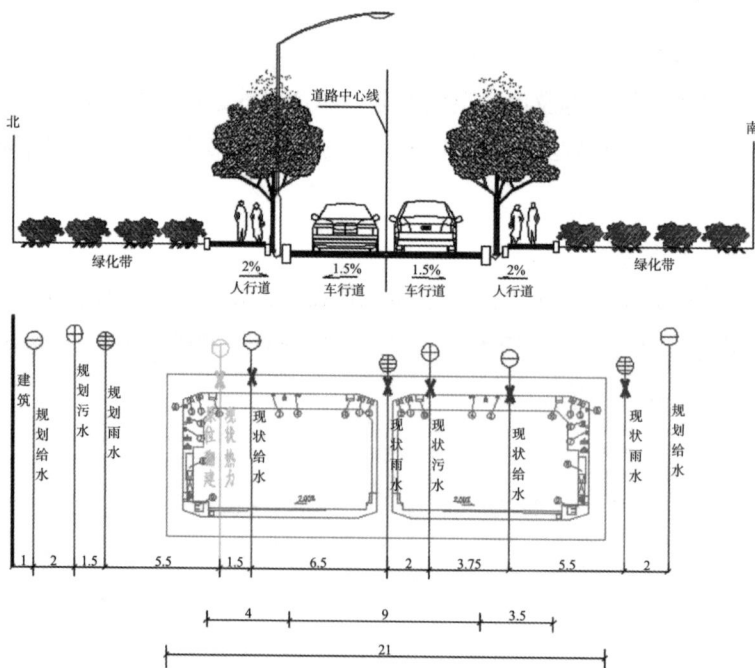

图 6-17　芳华路—荟萃路管线标准横断面图（单位：m）

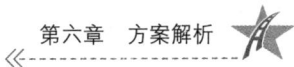

（3）荟萃路—凤华路。现状存在污水、雨水、给水、热力、电力、通信等管线，设计将雨污水管线迁改至北侧绿化带下，给水管线迁改至南侧绿化带，电力管线迁改至南侧绿化带，热力管线可临时废除，待隧道施工完毕后将热力管线迁改至隧道上方。具体管线布置如图6-18所示。

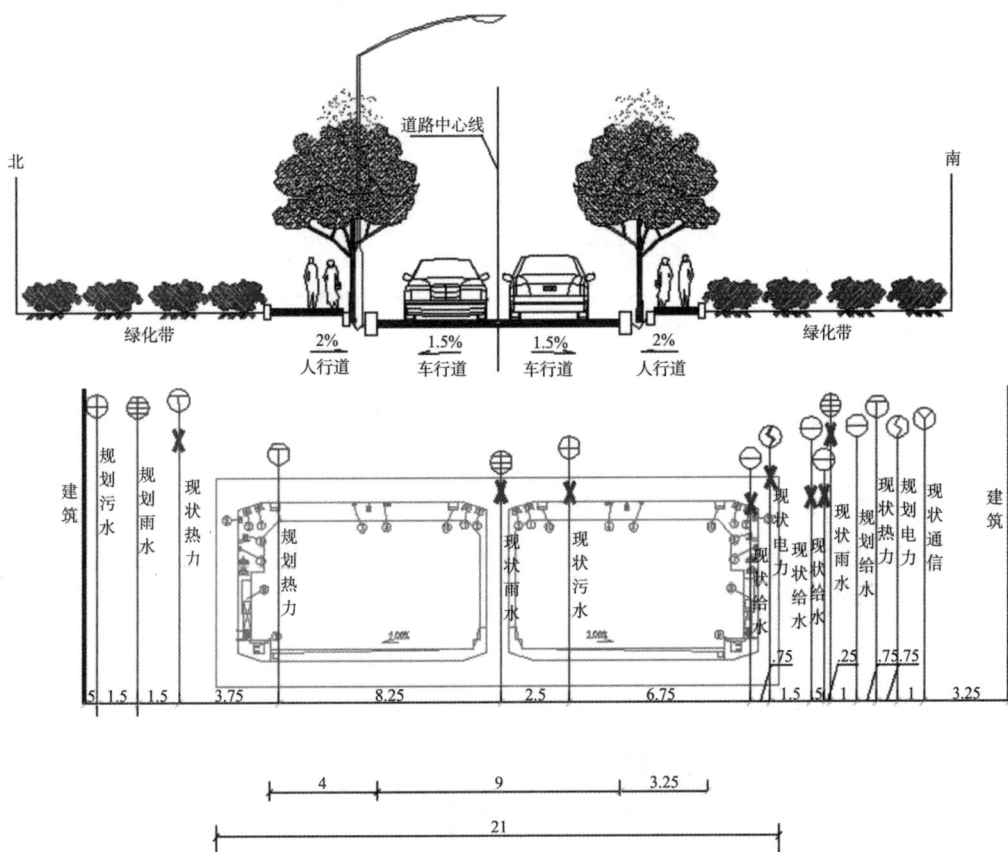

图6-18　荟萃路—凤华路管线标准横断面图（单位：m）

（4）凤华路—兴华大道。现状存在污水、雨水、给水、电力、通信等管线，设计将雨污水管线迁改至两侧绿化带下，给水迁改至北侧绿化带，电力迁改至南侧绿化带。具体管线布置如图6-19所示。

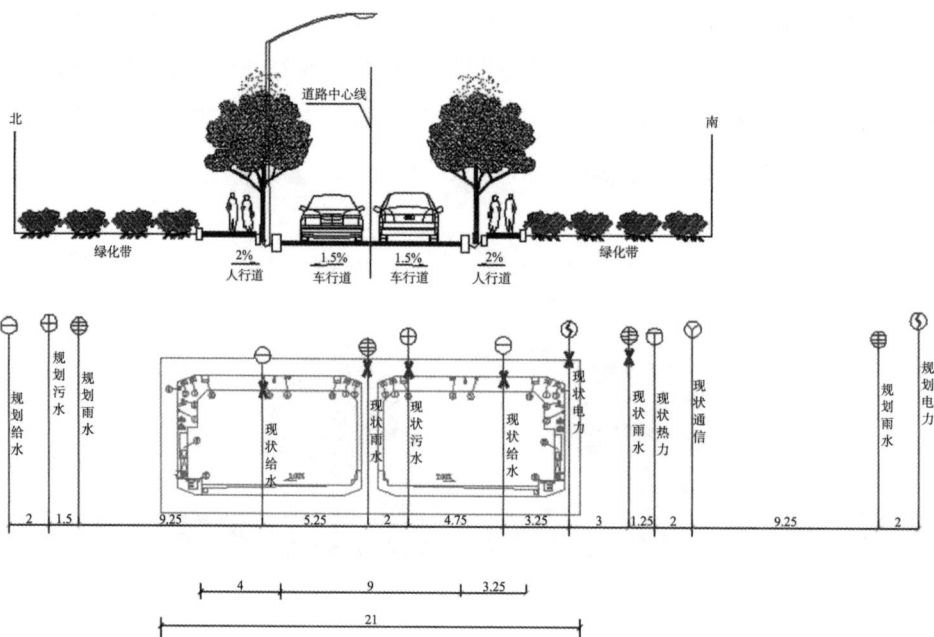

图 6-19　凤华路—兴华大道管线标准横断面图（单位：m）

（5）兴华大道—春华路。现状存在污水、雨水、给水、热力、电力、通信等管线，设计将雨污水迁改至北侧绿化带下，给水迁改至北侧绿化带，电力迁改至南侧绿化带。具体管线布置如图 6-20 所示。

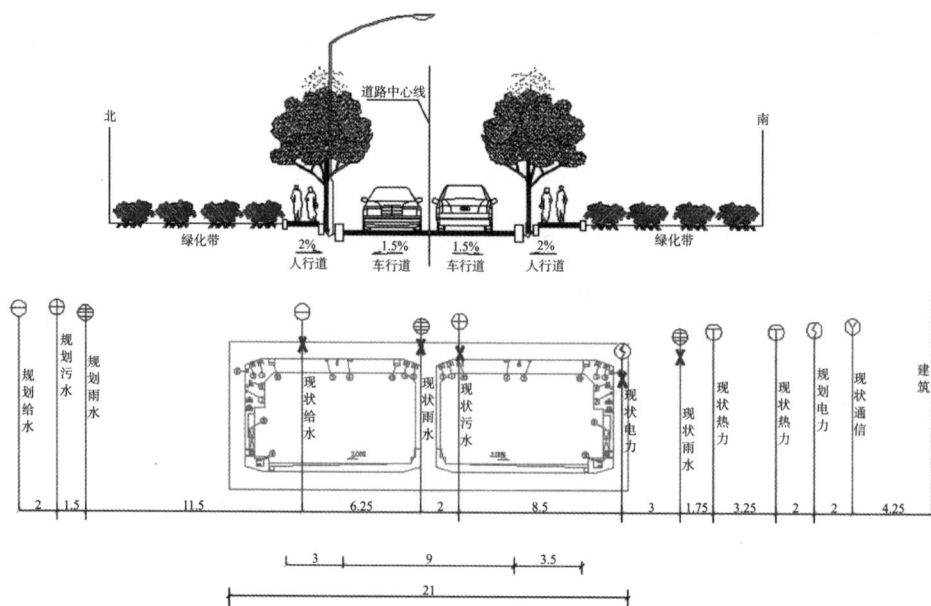

图 6-20　兴华大道—春华路管线标准横断面图（单位：m）

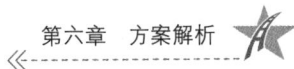

（6）春华路—现状珠江路。现状存在雨水、给水、热力等管线，由于此处空间不足，故设计待隧道施工完毕后将雨水敷设在隧道上方，施工过程中可采用临时边沟排水，给水迁改至南侧绿化带。具体管线布置如图6-21所示。

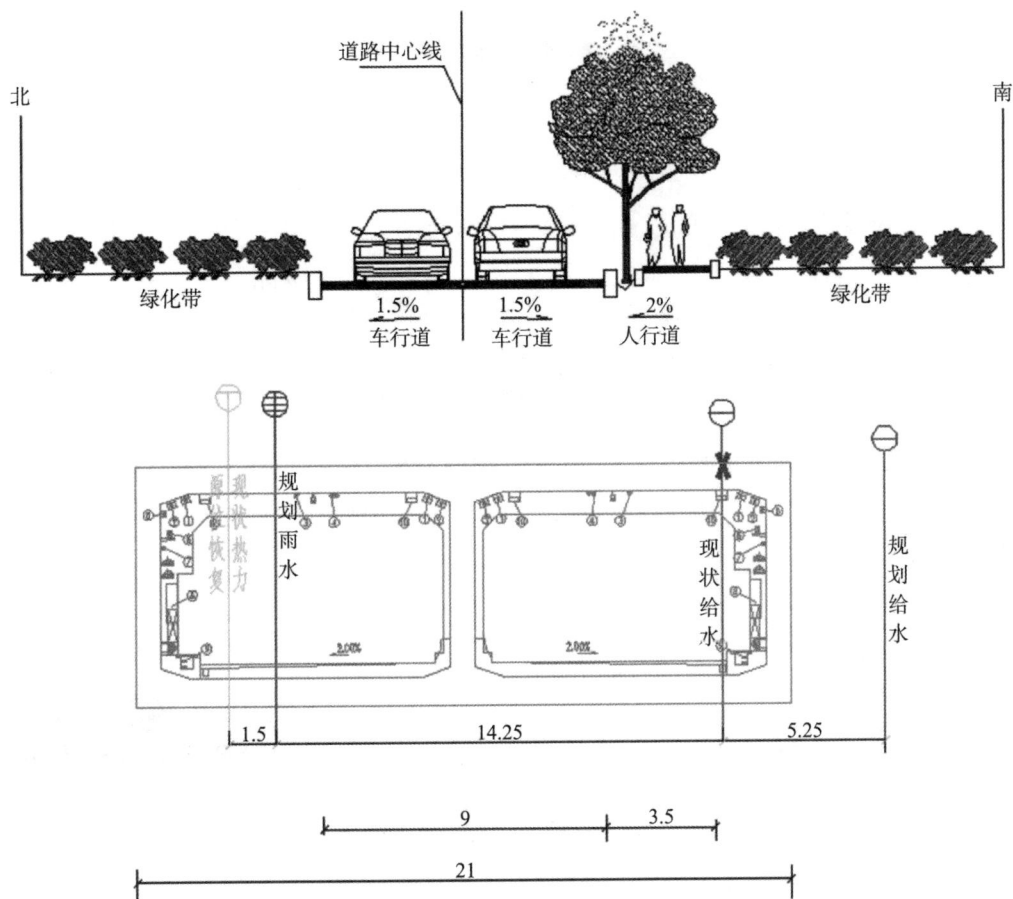

图6-21　春华路—现状珠江路管线标准横断面图（单位：m）

2. 市政部分

（1）芳华路以西洞口开洞处。现状存在雨水、污水、给水、热力、通信等管线，设计将雨水迁改至北侧绿化带下，污水迁改至南侧绿化带下，给水迁改至两侧绿化带，热力迁改至南侧绿化带。具体管线布置如图6-22所示。

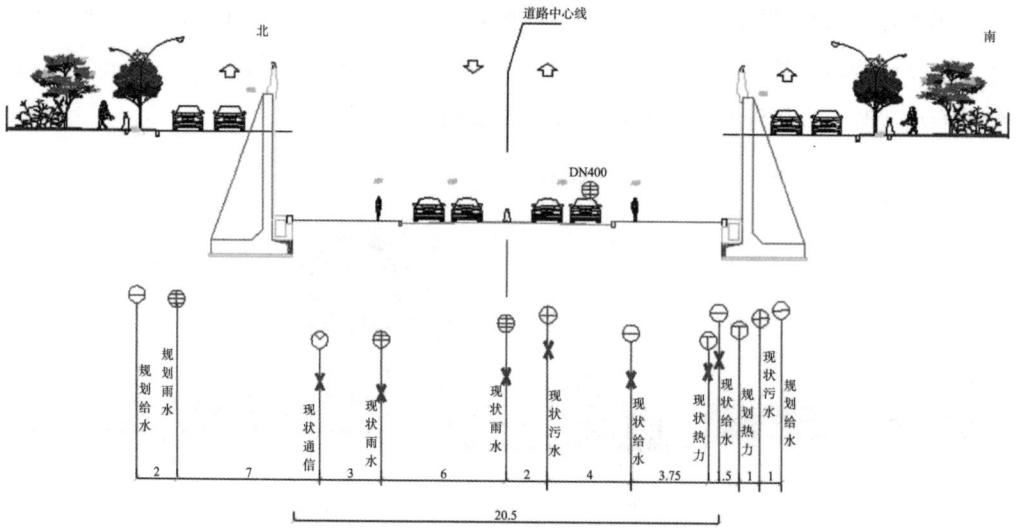

图 6-22 芳华路以西洞口开洞处管线标准横断面图（单位：m）

（2）现状珠江路以东洞口开洞处。现状存在雨水、给水、通信等管线，设计将雨水迁改至北侧绿化带下，给水迁改至南侧绿化带，通信迁改至北侧绿化带。具体管线布置如图 6-23 所示。

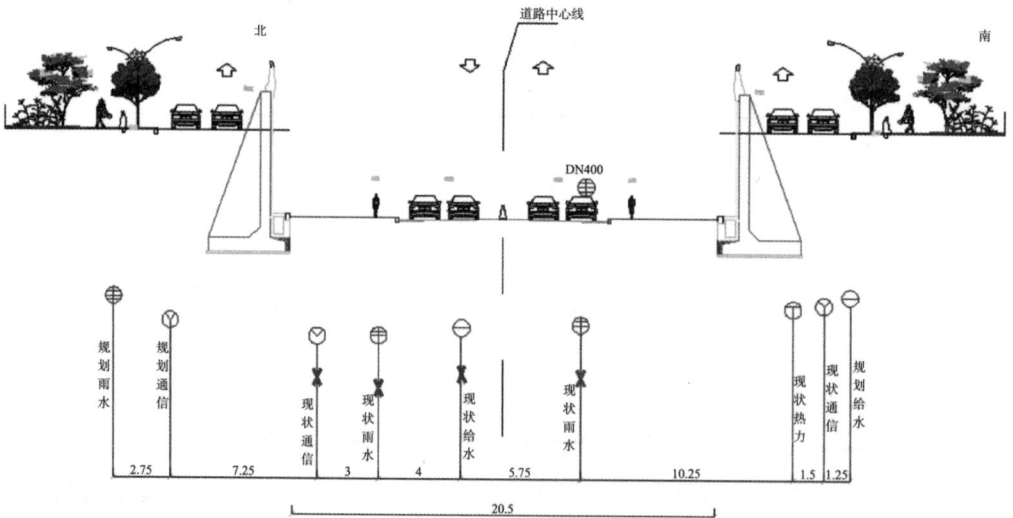

图 6-23 现状珠江路以东洞口开洞处管线标准横断面图（单位：m）

（二）排水项目

中国石油大学（华东）学校内部：该项目根据重现期为 2 年进行核算，现状雨水管道为 DN400 ~ DN1000，不满足设计要求，本次将现状雨水管道进行扩容设计，雨水主管道为 DN800 ~ DN1500。图 6-24 为现状雨水系统图。学校内部雨水管道水力计算结果如表 6-12 所示。

图 6-24 现状雨水系统图（单位：mm）

表6-12 学校内部雨水管道水力计算结果

计算管段起讫点		管长(米)	汇水面积			径流系数	设计降雨强度						设计雨水流量(L/s)	设计管段					管道输水能力(L/s)
起	讫		本段F	转输F	累积(ha)		集水时间(min)				重现期	强度(L/s·ha)		宽B(m)	高H(m)	管径(m)	坡度(‰)	流速(m/s)	
							t_1	t_2	t_2	t									
珠江路	华东路		3.30	0.00	3.30	0.65	15	0	0.0	15.	2	238.20	510.93			0.80	3.00	1.44	724.28
华东路	兴东大道	240.0	9.70	12.60	22.30	0.65	15.	1.8	4.5	19.5	2	212.82	3 084.80			1.35	3.50	2.21	3 157.65
兴东大道	芳华路	330.0	6.30	22.30	28.60	0.65	15.	2.5	6.3	21.3	2	204.59	3 803.32			1.50	3.00	2.19	3 871.78

现状道路污水管径为 DN300 ~ DN500，根据建设主体位置及施工顺序，本次污水管道需进行迁改，主管道管径保持不变。同时迁改 2 座化粪池。

图 6-25 现状污水系统图（单位：mm）

市政部分：西侧地道出入口处设计截洪沟（南北向布置），雨水接至浅埋盖板沟后排入河。东侧地道出入口处废除原车行道下雨水管道，在道路北侧人行道外侧新建雨水边沟。

本次排水项目管材、管基及附属设施情况如下。

1. 管材及接口

当排水管道 DN < 600 时采用 HDPE 管，环刚度为 8 kN/m²，其余管道采用 II 级钢筋混凝土管材，排水管道均采用承插橡胶圈接口（污水需进行闭水试验）。

2. 管基

该项目雨污水管道均采用 120° 砂石基础。

3. 沟槽回填

沟槽回填时，管道基础应采用中、粗砂回填；管底基础部位至管顶以上 0.5 m 范围内，须采用人工回填石粉，且两侧同时对称回填，回填土要分层碾压夯实，严禁用机械推土回填；管顶 0.5 m 以上部分的回填材质及标准应按照道路路基要求实施，该部分可以用机械从管道轴线两侧同时夯实，每层回填高度不得大于 0.2 m。在管道沟槽回填过程中，应严格执行《青岛市城市道路检查井技术导则》中的相关规定。

4. 雨水口

雨水口采用重型防盗预制钢筋混凝土装配式、偏沟式双箅雨水口。双箅连接管管径为 DN300，连接管管线坡度不小于 1.5%，雨水斗斗底下沉 40 cm 做沉砂。

5. 检查井

车行道下雨水检查井采用预制装配式钢筋混凝土检查井，预留至道路范围外雨水检查井采用圆形砖砌雨污水检查井；所有污水检查井采用预制装配式钢筋混凝土检查井。排水检查井应设防坠落网。

6. 检查井盖

位于车行道下的检查井采用重型球墨铸铁防盗井盖，其余检查井采用轻型球墨铸铁防盗井盖。

（三）给水项目

学校内部：学校内部给水管线较多，主要存在低压及高压供水、生活及消防供水，局部存在浇灌管道、冷水管道等。

市政道路：东侧出口段存在 DN300 给水管道需要迁改。

本次根据主体位置及施工顺序，分段进行永久迁改或临时迁改，原管道管径不变，仅改变管道位置。

管道接口：当无特殊说明时，管道与阀门连接时采用法兰连接。管道与管道连接时按管材的要求，采用电熔承插连接或电熔套筒连接。连接时，应严格按该管材的操作技术规程进行，确保管道接口的质量，满足施工质量要求。

管道基础及回填

本次设计给水管道要求地基承载力达到 80 kPa 方可施工。给水管道采用 30 cm 厚风化砂垫层基础，给水管道沟槽自槽底至管顶上 0.5 m 范围内采用风化砂回填，沟槽剩余部分采用原土回填，切忌回填垃圾杂物，回填土要分层碾压夯实，分层厚度不超过 20 cm，碾压后密实度应满足《给水排水管道工程施工及验收规范》（GB 50268—2008）及道路路面结构设计要求。

沟槽开挖、支护、回填其他要求按照《给水排水管道工程施工及验收规范》（GB 50268—2008）相关规定执行。

（四）热力项目

该项目将受影响的热力管道直接废除（处于供暖期外），待道路恢复时考虑原位翻建。

DN ＞ 200 时采用 Q235B 螺旋焊缝钢管，DN ≤ 200 时采用 20# 无缝钢管。室外直埋部分管道及室外管道进夹层穿墙部分采用聚氨酯泡沫预制保温管，其性能应符合相关规定。

（五）电力项目

学校内部电力引入为 10 kV，其余均为低压电缆。本次将受影响的电力迁改至两侧绿化带下，排管孔数与原排管保持一致。管道采用 DN150 MPP 管。

排管排列参照《国家电网公司配电网工程典型设计》之电缆分册（2016 年版）中相应混凝土方包模块；考虑施工便捷，过路段排管采用在导管顶部及底部处按图扎钢筋网的方式，以增加强度。排管均以电缆保护管为衬管，外包混凝土，电缆管选用耐腐蚀性能好的、直径为 150 mm、壁厚为 10 mm 的 MPP 管和直径为 100 mm、壁厚为 6 mm 的 MPP 管。排管采用混凝土结构，混凝土结构强度等级为 C25，垫层混凝土等级为 C15。

（六）通信项目

该项目将受影响的通信迁改至两侧绿化带及人行道下，排管孔数与原排管保持一致。

根据设计范围内其他地下管线的具体情况以及通信管道设计规范要求，设计管材过路段采用 DN100 的 ABS 管，非过路段采用 DN100 的 PVC 双壁波纹管，管道均用 C20 混凝土包封处理。该项目使用的通信管道必须符合《地下通信管道用塑料管 第 3 部分：双壁波纹管》（YD/T 841.3—2016）的通信行业标准。

（七）其他

根据现场管线情况，学校内部存在燃气过路管，施工时应注意悬挂保护；学校内部热力仪表间应拆除恢复；食堂空调外挂机应迁改等。

三、景观设计

（一）设计范围及内容

地上道路项目景观设计范围位于中国石油大学（华东）校园内，珠江路 K0+080 ~ K1+180 段，全长为 1 100 m。其设计内容包括行道树、路侧绿带、山体喷播、种植设计、竖向设计、设施设计等，总设计面积为 28 173 m²。

（二）现状分析

珠江路现状道路两侧行道树为法桐，长势较好，道路两侧现状绿化以乔木和地被为主。其两侧建筑主要为学生公寓，使用人群以中国石油大学（华东）师生为主。图 6-26 为珠江路（石油大学区域）现状照片。

图 6-26　珠江路（石油大学区域）现状照片

（三）设计原则

1. 尊重自然，遵循实际

在保护和利用现状生态资源的基础上，充分结合现有环境条件及相关规划，通过各景观元素的合理搭配进一步改善区域生态环境。

2. 低碳生态，绿色环保

遵循人工与自然共融的总体设计理念，通过景观段落、景观形态等整体景观结构框架的构建，凸显"简洁、生态、自然"的道路景观生态风貌，创造多层次的、稳定的植被生态群落。

3. 以人为本，和谐共生

以绿带贯穿全线，构成道路整体简洁、大气的景观风貌，同时在细部设计方面，以人的尺度为设计基准点，建立人性化的、舒适的道路景观界面，努力促进各组团间的互动性和互通性，满足人群的使用需求。

（四）具体设计

1. 行道树

统一道路整体景观，选用胸径 18 cm 的法桐作为行道树，采用树池形式，布置间距为 5 m，共计 223 株，避让管线进行栽植。图 6-27 为行道树意向图。

图 6-27 行道树意向图

2. 路侧绿带

路侧绿带宽为 6 ~ 22 m，设计面积为 25 573 m²。对施工破坏的绿化进行恢复，并提升主体建筑前的大片绿地，打造标志性绿地景观。

根据周边用地类型及位置，自西向东分为休闲绿地重塑区、景观中轴恢复区及绿化节点提升区。

休闲绿地重塑区靠近学生公寓，路侧绿带以绿化为主，部分路段设置休憩及活动场地，设计以流畅自然的人行步道线条串联各景观节点和场地，为学生打造绿色生态的景观空间。植物配置多选用观赏价值高、功能多样化的植物品种，如雪松、水杉、银杏、樱花、碧桃等，灌木有紫丁香、琼花、石楠，地被有大叶黄杨、日本女贞、红叶石楠、扶芳藤、麦冬等。

景观中轴恢复区穿越中国石油大学（华东）现状景观中轴，设计按照现状绿化肌理、绿化品种进行恢复，保证景观中轴的统一性。同时，大量运用树冠饱满、分支点高的乔木，打造现代、大气的道路景观。其设计采用分层式种植的手法，上层片植楸树、黄山栾、雪松等高大乔木形成背景林，塑造流畅的景观天际线；中层点缀种植美人梅、染井吉野樱等花乔木，形成多彩缤纷的视觉效果；下层大尺度曲线描绘模纹绿篱线，以宿根福禄考和大花金鸡菊等宿根花卉镶边，形成简洁、大气的道路景观。

绿化节点提升区着重进行特色处理，此区域植物配置区别于道路两侧规则整齐的绿化风格，强调观赏性及标识性，通过灵动的曲线布局形式、起伏的地形塑造、丰富的植物组团展现中国石油大学（华东）的开放与活力。植物配置多选用观赏价值高、功能多样化的植物品种，主要有造型黑松、朴树、榉树、黄金槐、紫叶桃、红枫、红叶石楠球等。

图 6-28　路侧绿带效果图

3. 山体喷播

珠江路 K1+020 ～ K1+180 段道路北侧现状山体高差较大，山体裸露缺少绿化，为避免水土流失，采用山体喷播建植技术构建植被护坡，面积为 2 330 m²。喷播的草种选用根系发达、生长成坪快、抗旱、耐贫瘠的多年生品种，同时还应考虑品种的抗冻性。利用草种的互补性，如豆科和禾本科、深根性和浅根性、暖季与冷季等特性进行混合喷播，起到护坡固土、绿化坡面、增加生态功能和美化环境的作用。

（五）专项设计

1. 苗木迁移

对位于施工范围内的行道树、路侧绿带苗木进行迁移，乔木迁移约 1 122 株，灌木迁移约 400 株。

2. 种植设计

植物配置应在色泽、树冠形状和高度以及植物寿命和长势等方面互相协调，合理设计树种搭配组合比例。每个组合均应考虑种植的位置、斜坡的坡度、坡向、面积等因素之间的关系。

在以上原则下进行合理的植物组合与群落的构成，同时注重选择，多种植大乔木，以求达到生态景观的效果。乔、灌、草配置比例为 6 : 3 : 1。

乔木：应选择株形整齐，观赏价值较高（花型、叶型、果实奇特，或花色鲜艳、花期长，或叶片秋季变色），冬季可以观赏树形、枝干的树木。树木寿命较长，生长速度适中，病虫害少，便于修剪管理，花、果、枝、叶无不良气味。树木发芽早、落叶晚，适合本地区正常生长，移植后易于成活和恢复生长，适宜大树移植，且有一定耐污染、抗烟尘的能力。

灌木：应选择枝叶丰满、株形完美、花期长、花多且显露的植株，叶色最好有变化。植株无刺或少刺，耐修剪且易于管理，在一定年限内通过人工修剪可以控制形状和高矮，能耐粉尘和路面辐射。

地被：北方大多数城市主要选择冷季型草坪作为地被，根据温度、湿度、土壤等条件选择适宜的草坪草种是至关重要的。另外，低矮花灌木也可作为地被使用。

该项目中选择的乔木主要有雪松、白皮松、白蜡、法桐、国槐、染井吉野樱、绚丽海棠、紫叶李、红枫等；灌木主要有木槿、连翘、大叶黄杨、红叶石楠、金森女贞、丰花月季等；地被主要有毛鹃、玉簪、粉花绣线菊、常绿草坪等。

3. 竖向设计

道路两侧植被景观对城市主干道环境的改善起着至关重要的作用。为了能全方位、多角度地展示道路景观的美学效应和艺术魅力，该项目设计方案在注重植物合理搭配的同时，更加注重地形的塑造，使绿地空间因竖向的变化而变得更加丰富多彩。

本次设计在重要道路节点处进行地形塑造，结合植物生长所需要的土壤坡度及排水要求，在道路节点绿化范围内合理塑造绿化地形，中心地形缓慢抬高，高度不超过2 m，地形坡度控制在10%以内，以形成绿化观赏的最佳展示面，通过竖向高度的变化，进一步丰富绿化带空间层次，形成高低错落、疏密有致的韵律感。

4. 设施设计

（1）座椅。设计采用木质与石材相结合的座椅，并采用宜人的尺度，让人在唾手可得的自然气息中，尽享闲逸之趣。座椅结合路侧绿带间隔100 m进行设置，全路段设置15个。

（2）垃圾箱。卫生设施既能满足行人的使用需求，又可保持环境的卫生整洁，提高城市生活质量，为响应国家号召选用分类垃圾箱。按设计规范，每100 m设一处垃圾箱，全路段共设置25个。

5. 苗木表

地上道路出口苗木表，如表6-13所示。

表 6-13　地上道路出口苗木表

乔灌木							
序号	名称	规格				数量（株）	备注
		胸（地）径（cm）	高度（cm）	冠幅（cm）	枝下高（m）		
1	雪松 B	—	600	300	0.5	149	树形美观，裙摆完整（实生苗）
2	造型黑松 B	D：20	400	350	1	11	平头 全冠，树形美观、挺拔
3	造型黑松 A	D：15	350	300	1	24	平头 全冠，树形美观、挺拔
4	丛生朴树	各分枝 7	700	400	—	11	全冠，树形美观，饱满，不少于 5 分枝
5	丛生银杏	各分枝 7	800	400	—	1	全冠，树形美观、饱满，不少于 5 分枝
6	榉树	19～20	750～800	>500	2.5	27	全冠，树形美观、挺拔
7	法桐	18	700	450	3	268	行道树，全冠，树形美观、饱满
8	五角枫 A	15	550	400	3	46	全冠，树形美观、挺拔
9	水杉 C	15	700	300	3	24	全冠，树形美观、挺拔
10	黄山栾 C	15	600	400	3	47	全冠，树形美观、挺拔
11	银杏 A	15	700	300	3	93	全冠，树形美观、挺拔
12	白蜡	12～13	＞650	>300	2.5	43	全冠，株形美观、饱满
13	楸树 B	12	700	280	3	17	全冠，树形美观、挺拔
14	黄金槐 A	10～11	400～450	>250	1.5	82	全冠，树形美观、饱满
15	山杏 E	D：13	400	300	1	20	全冠，树形美观、挺拔
16	紫叶李 D	D：12	400	300	1	37	全冠，树形美观、挺拔
17	日本樱花	D：12	400	300	1	130	全冠，树形美观、挺拔
18	绚丽海棠	D：11～12	300～350	250	0.8	32	全冠，树形美观、饱满
19	染井吉野樱	D：10	350	200	1	65	全冠，树形美观、挺拔
20	红枫 A	D：9～10	250～300	250	0.8	9	全冠，树形美观、饱满
21	红枫 B	D：7～8	200～250	200	0.8	18	全冠，树形美观、饱满
22	西府海棠 C	D：6	200	100	0.8	94	全冠，树形美观、挺拔
23	银姬小蜡球 A	—	200	200	—	4	株形美观、饱满
24	大叶黄杨球 A	—	180	180	—	16	株形美观、饱满
25	大叶黄杨球 B	—	150	150	—	26	株形美观、饱满
26	大叶黄杨球 C	—	100	100	—	2	株形美观、饱满
27	红叶石楠球 B	—	150	150	—	22	株形美观、饱满
28	红叶石楠球 C	—	100	100	—	26	株形美观、饱满
29	连翘	—	120	120	—	127	株形美观、饱满
30	木槿 A	—	120	120	—	14	株形美观、饱满
31	景石 A	—	—	—	—	42	千层石，1.5 m×1.5 m×1.2 m
32	景石 B	—	—	—	—	11	千层石，1.2 m×1.0 m×1.0 m

灌木地被				
序号	名称	规格		备注
		高度（cm）	冠幅（cm）	面积（m²）	

序号	名称	高度（cm）	冠幅（cm）	面积（m²）	备注
1	丰花月季	60	35	716	16 株 / 平方米
2	大叶黄杨	60	35	1 593	16 株 / 平方米，高度为修剪后，栽植后不露土
3	红叶石楠	60	35	917	16 株 / 平方米，高度为修剪后，栽植后不露土
4	八仙花	40	25	46	16 株 / 平方米
5	金边黄杨	40	25	386	25 株 / 平方米，高度为修剪后，栽植后不露土
6	瓜子黄杨	40	25	1 944	25 株 / 平方米，高度为修剪后，栽植后不露土
7	毛鹃	35	20	978	36 株 / 平方米，高度为修剪后，栽植后不露土
8	常春藤	藤长 >60	—	827	两年生，16 株 / 平方米
9	细叶麦冬	>20	—	2 941	3~5 芽 / 丛，64 丛 / 平方米
10	时令花卉（红）	—	11	187	120 株 / 平方米，按季节更换，一年至少更换四次
11	时令花卉（黄）	—	11	155	120 株 / 平方米，按季节更换，一年至少更换四次
12	常绿草坪	—	—	9 172	成品满铺
13	高次团粒喷播	—	—	6 101	专业厂家二次深化

四、路灯设计

1. 道路照明技术标准

（1）道路照明等级：中国石油大学（华东）校内地面路为园区路，珠江路地面路为城市主干路。根据《城市道路照明设计标准》（CJJ 45—2015）确定各项设计指标。

（2）道路照明标准。

园区路：路面平均照度（维持值）不低于 10 lx，均匀度 0.3 以上；路面平均亮度（维持值）不低于 0.75 cd/m²，总均匀度不低于 0.4；人行道平均照度不低于 5 lx。

城市主干路：路面平均照度（维持值）不低于 30 lx，均匀度 0.4 以上；路面平均亮度（维持值）不低于 2 cd/m²，总均匀度不低于 0.4；人行道平均照度不低于 15 lx。

（3）节能标准：城市支路功率密度低于 0.5 W/m²；城市主干路功率密度低于 1 W/m²。

2. 照明光源方案比选

目前，道路照明领域主流的路灯光源有两种：一种是高压钠灯，另外一种是 LED 灯。

高压钠灯是一种气体放电灯，光效高，色温较低。在同等耗能的情况下，高压钠灯亮度高且使用寿命长，但辨色性较差。

LED 是一种固态冷光源，具有环保无污染、耗电少、光效高、寿命长等特点，与传统光源相比，LED 在显色性、节能环保、寿命以及数字化可控程度上都有优势。同时，LED 还具有绿色环保、低碳节能的特点，并且其使用寿命可长达 5 ~ 10 年，能够大大降低灯具的维护费用。根据《青岛市城市道路综合整治工程实施导则》，新、改建道路的灯具和光源应优先采用 LED。

光源对比结论：路灯光源选用绿色、节能、环保的 LED 作为照明光源。

3. 照明供电方式比选

路灯供电方式有两种，一种是使用市电作为电源的传统路灯，另外一种是使用新能源（如太阳能、风能）的新式路灯。

传统路灯使用市电作为供电电源，设有路灯专用箱式变压器，路灯及配电系统较为稳定，只要电网有电，路灯就将持续供电，不受气候所影响。

新式路灯通常造价较高，蓄电时间会受气候影响且电池寿命较短，3 ~ 5 年要更换一次；美观性差，每盏路灯顶部都需装太阳能板或加装风力发电机，整体外观略显笨重，影响整体美观。

供电方式对比结论：选用市电作为供电方式。

综上所述结论，并结合该项目的实际需求情况，该项目使用市电 LED 路灯作为此次项目照明设计方案。

4. 照明灯具布置

中国石油大学（华东）校内地面路沿道路北侧布置路灯，路灯安装间距为 35 m；珠江路地面路沿道路两侧对称布置路灯，路灯安装间距为 35 m。

为满足道路照度需求，中国石油大学（华东）校内地面路选用单挑 90 WLED 路灯，灯具安装高度为 10 m，悬臂长度为 1.5 m；珠江路地面路选用单挑 180 WLED 路灯，灯具安装高度为 10 m，悬臂长度为 1.5 m。

LED 路灯系统光效高于 120 lm/W，色温 3 500 ~ 4 000 K，采用一体化铝挤压合金灯壳设计，防护等级 IP65，采用半截光型灯具，配光曲线符合道路照明要求，散热性能良好，LED 灯具正常工作 3 000 h 光通维持率不低于 96%，正常工作 6 000 h 光通维持率不低于 92%；整灯寿命 ≥ 50 000 h，光衰 ≤ 20%。

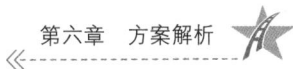

路灯灯杆为钢杆，选用优质钢材，锥度比为 10‰ ~ 12.5‰，灯杆表面均采用热浸（镀）锌的防腐工艺，普通路灯镀锌厚度 ≥ 70 um，路口灯镀锌厚度 ≥ 85 um。其受力要求抗 35 m/s 风力。灯杆基础中心与侧石距离为 0.5 m，采用钢筋混凝土灯杆基础，基础上设有与灯杆连接的法兰盘。

5. 电缆线路设计

该项目选用 YJV-4X25+1X16-1KV 电力电缆。电缆采用穿保护管埋地方式敷设，穿直径为 100 mm 玻璃钢管保护管，埋置深度为 0.8 m，过路穿 G100 钢管，路灯管沿侧石外沿敷设，电缆埋地敷设中心位置距侧石外沿为 0.3 m。为方便穿缆设接线井，电缆过道路时保护钢管两端伸出路基为 0.5 m，在保护管两端各做一个过路工作井。在保护管中，电缆不得有接头。所有电缆接头进行防潮处理后加热缩套管密封封装。

电缆接头设置在灯杆的杆门里。电缆三相交替引入各灯具杆门里。所有电缆接头进行防潮处理后加热缩套管密封封装。接线井及杆门应有防盗措施。

6. 道路照明供配电设计

本次设计道路路灯引自现状路灯供配电系统。所有照明回路电压等级为 380/220V。接地系统采用 TN-S 接地系统，系统接地电阻不大于 4 Ω。沿路灯线缆同步设置 10 mm 接地圆钢作为接地保护用，接地电阻不大于 4 Ω，沿线缆设置的圆钢须与灯杆外壳、灯座基础钢筋进行可靠连接。

7. 节能

选用高效节能灯具，照明灯具效率不低于 90%。所有道路路灯功率密度均符合城市道路照明功率密度规定的要求。

五、交通设计

该项目道路交通标志线按照《城市道路交通标志和标线设置规范》（GB 51038—2015）的有关规定执行。

1. 设置原则

标志、标线设计应统筹考虑、整体布局，做到连贯、统一，给驾驶员提供正确的道路交通信息，满足驾驶员安全使用道路的需要。

2. 设置方式

（1）交通标志设置方式。

交通标志按功能可分为警告标志、禁令标志、指示标志、指路标志、辅助标志。

标志设置方式：指路标志及部分指示标志采用大型悬臂式标志杆设置，其他警告标志、禁令及部分指示标志采用路侧式和附着式相结合的方式设置。

（2）交通标线设置方式。

交通标线按功能可分为指示标线、禁止标线、警告标线。该项目路段、路口等位置根据实际情况分别设置车行道分界线、车行道路边缘线、人行横道线、导向箭头等指示标线。

该项目全线设置对向车道分界线：单黄线线宽为 15 cm；车道边缘线：白色实线，线宽为 10 cm，交叉口按标准设置各种导向箭头、人行横道线（线宽为 40 cm、间距为 60 cm）等。交通标线材料采用热熔型道路涂料，面撒反光玻璃珠。

第五节　地下车库项目

一、建筑项目

（一）项目概况

该项目利用中国石油大学（华东）校区内光华大道与华东路交叉口东北象限的绿地广场区域建设地下车库，建筑面积为 27 700 m²。在学校现状道路设置 2 个车库出入口，在华东路正下方的新建珠江路隧道设置 1 个车库出入口。

（二）建筑总平面设计

地下车库位于中国石油大学（华东）校区内光华大道与华东路交叉口东北象限的绿地广场区域，车库总建筑面积为 27 700 m²。车库东端和南端设两个地面出入口接华东路，地下二层南端设一个出入口接珠江路地下隧道。地下建筑耐火等级为一级，地面建筑耐火等级为二级。车库平面图如图 6-29 所示。

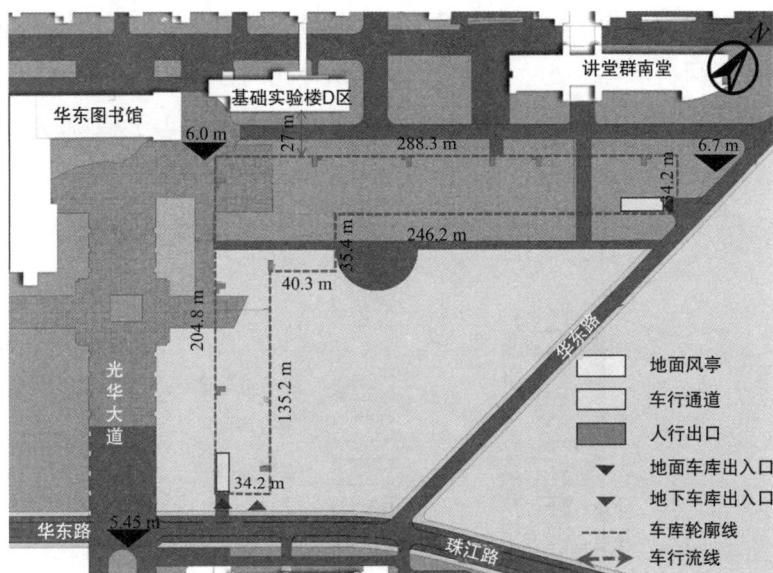

图 6-29 车库平面图

（三）分层平面设计

地下一层建筑面积为 17 121 m²，设 450 个车位，其中 55 个车位设有充电桩，30 个无障碍车位；消防泵房、消防水池、车库配电室、弱电间各一处；报警阀室、配电室、送风机房各 5 处；充电桩电表间 2 处；排风机房、疏散楼梯间各 10 处；在车库东端和南端各设 1 处双向坡道（车辆出入口）与地面华东路进行连通。

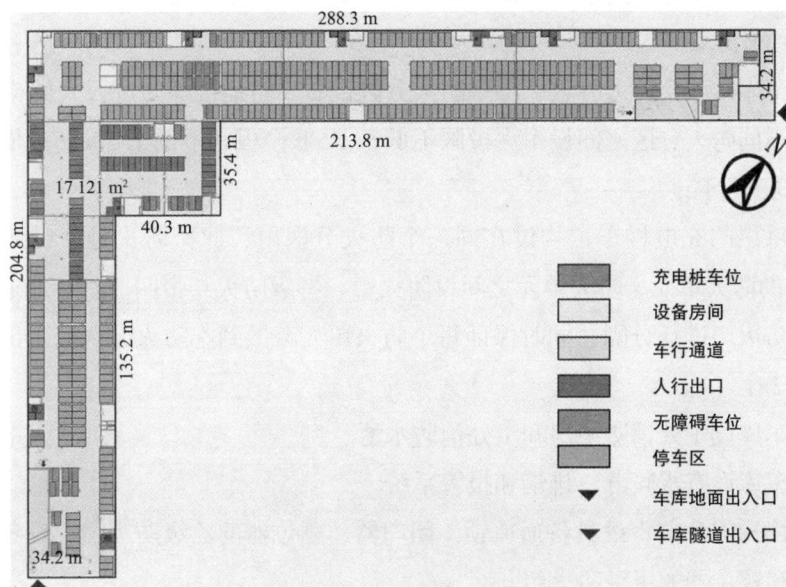

图 6-30 车库地下一层平面图

地下二层建筑面积为 3 813 m²，设 100 个车位，其中 7 个为无障碍车位；报警阀室、配电室、送风机房各 1 处；排风机房、疏散楼梯间各 2 处；在地下二层西南端设 1 处双向坡道与地下一层进行连通，在南端设 1 处车辆出入口与珠江路地下隧道进行连通。

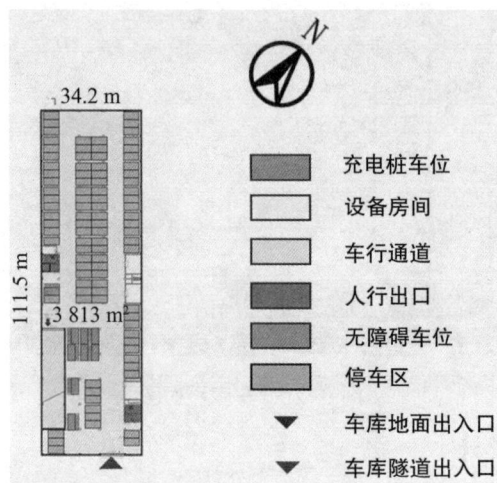

图 6-31　车库地下二层平面图

（四）剖面设计

车库为地下二层建筑，层高为 4.2 m，覆土厚度为 1.5 ~ 2 m。地下二层设 1 个车库出入口与珠江路隧道连接，地面设 2 个车库出入口与华东路连接。

（五）消防设计

（1）车库设 8 个防火分区，每个防火分区设 2 个防烟楼梯间进行人员疏散。

（2）不同防火分区之间设耐火极限不低于 1.5 h 楼板和不低于 3 h 防火墙、特级防火卷帘门进行分隔。

（3）每层的充电桩车位均设在同一个防火分区内，此类防火分区设 4 个不大于 1 000 m² 的防火单元，防火单元之间设防火墙、特级防火卷帘门、具备通道锁和闭门器的甲级防火门进行分隔，同时保证每个防火单元疏散到本防火分区安全出口的疏散口不少于 2 个。

（4）车库设 1 处消防泵房和 1 处消防水池。

（5）车库设有水喷淋、排烟和报警系统。

（6）楼梯间和前室设具备通道锁、闭门器、顺位器的乙级防火门，设备房间设具备闭门器和顺位器的甲级防火门。

（7）管线穿过防火墙、楼板及防火分隔时，采用非燃材料将管道周围的空隙填塞密实。

（8）所有装修材料均按一级防火要求控制。

（六）无障碍设计

（1）盲道设置。在车库的出入口平台及台阶前、楼梯起终点与休息平台、进出路线拐弯处、无障碍电梯处按区域设置提示盲道，提示盲道间设行进盲道，盲道采用宽为 300 mm、燃烧性能为 A 级的材料，盲道应符合《无障碍设计规范》（GB 50763—2012）的要求。

（2）无障碍电梯。车库设置由地下二层、地下一层至地面的垂直电梯，方便残疾人由车库各层到地面的进出。其内部设施按《无障碍设计规范》（GB 50763—2012）的相关规定设计，并设事故电话。

（3）无障碍坡道。在地面出入口、电梯平台处设置可供轮椅通行的无障碍坡道。

（4）无障碍车位。在车库不同位置分别设无障碍车位，方便残疾人驾驶员或乘客上下车。

（七）智能化设计

该项目为车库搭建智能车库管理系统，将先进的车辆识别技术和车库智能管理模型相结合，通过计算机的图像处理和自动识别，对车辆进出停车场的保安、车位引导等进行全方位管理。

（1）智能停车识别系统。设置智慧停车系统，便捷车辆的车位导向以及运营管理。

（2）车位实时统计显示屏。车库内外均设置停车位实时统计显示屏，引导车辆快速停车。

（3）车位微波感应装置。停车位上方设置车位微波感应红绿灯显示器，方便驾驶员识别车位。

（4）智能寻车系统。人行楼梯间设置智能寻车显示器，帮助驾驶员快速寻找车辆。

（八）节能设计

引入建筑前沿技术，实现建筑绿色节能。通过引入建筑前沿技术手段，提高建筑设计、施工以及使用的全生命周期内的安全耐久、健康舒适、生活便利、资源节约、环境宜居等性能。

二、结构项目

（一）设计原则

（1）该结构设计以"结构为建筑使用功能服务"为原则，满足城市规划、建筑方案、设备安装、环境保护、防水、防火、防腐、抗震等方面的要求，并与通风、消防、供电等专业相协调。

（2）结构设计应根据地下停车场的受力特点，遵循"传力明确、受力合理、安全可靠、经济合理"的原则，充分考虑功能要求、荷载特性、工期等因素，并充分考虑该项目所在场地的项目地质、水文地质条件及环境条件，合理选择便于施工、养护、维修的结构形式和施工方案。

（3）结构抗震设防烈度为7度，设防分类为标准设防类（丙类），结构按7度抗震设防要求采取抗震构造措施。

（4）结构的净空尺寸应满足建筑、限界、设备等专业的要求，并考虑施工误差、测量误差、结构变形以及后期沉降的影响。

（5）对于结构下卧地基应进行地基承载力、地基变形和稳定性验算，并采取合理的措施进行地基处理。

（6）根据基坑不同区段的开挖深度、周边环境与地质条件，分段采用合理的围护体系。基坑安全等级为二级。围护结构的设计按施工阶段最不利的荷载组合进行强度、变形及稳定性计算。

（7）防水设计应满足《地下工程防水技术规范》（GB 50108—2008）相关规定，遵循"以防为主，多道防线，刚柔结合，因地制宜，综合治理"的原则，以结构自防水为主，附加防水层为辅，处理好变形缝、施工缝等薄弱部位的防水。

（8）充分协调基坑施工与周边地块开发的关系，优化基坑围护和内部结构实施方案，并减少施工中和建成后对环境造成的不利影响。

（二）设计标准

（1）该项目设计使用年限：50年；结构安全等级：二级；重要性系数：1。

（2）裂缝控制等级：三级；最大裂缝宽度限值：0.2 mm。

（3）地下结构防水设计等级：二级。

（4）地基基础设计等级：甲级。

（5）建筑耐火等级：地下一级，地上一级；防火墙耐火极限：3 h。

（6）构筑物抗浮安全系数：$K_f \geqslant 1.05$。

（7）风载：该地区基本风压为 0.60 kN/m²。

（8）雪载：该地区基本雪压：0.20 kN/m²。

（9）基坑安全等级：二级。

（三）主体结构设计

拟建车库东侧、西侧及南侧为现状道路及绿化用地。据现场踏勘初步了解，拟建场区及周边管线复杂，铺设有供水管、绿化喷灌管、通信线、电线、污水管、雨水管等管线。该场区为滨海浅滩地貌单元，为填海造陆形成。基坑开挖范围内土层主要为填土层、含淤泥粗砾砂层、淤泥质粉质黏土层，开挖自稳性差。东北侧开挖涉及基岩各风化带。该项目基坑整体开挖深度为 8~11.2 m，基坑开挖深度中等。基坑周边环境条件较复杂；破坏后果较严重；项目地质条件一般，地下水位较高。经综合判定，基坑项目安全等级为一级。

结合该场区周边环境分析，基坑周围紧邻图书馆、实验楼、教学楼以及现状道路，周边地下管线较密集，校园内人员密集，且考虑到基坑开挖范围内主要为第四系土层，包括填土和软弱土层，开挖自稳性差，地下水主要为第四系孔隙潜水及承压水，填土和粗砾砂为强透水层，地下水丰富，水量较大，水位较高，承压水水头较高。综合以上因素，为尽量减少基坑开挖对校园环境的影响，避免锚杆施工引起的漏水、涌砂以及沉降变形等情况，考虑到该项目基坑形状较为规则，建议采用支护桩＋内支撑＋止水帷幕支护体系。支护桩的嵌固深度应满足基底抗隆起验算要求。

内支撑材料主要为钢支撑，绿色环保，自重轻，安装和拆除方便，施工速度快；同时，其对周边环境影响较小，对周边地下水位变化影响较小，可减少周边道路及地面沉降变形，安全性高，施工更可控。止水帷幕可采用高压旋喷桩，进入基岩一定深度。基坑采用帷幕截水支护后，可直接在基坑底部沿周边设置排水沟与集水井进行集水明排，根据现场实际需要可布置一定数量的减压井、降水井进行降排水。同时，按照学校要求，基坑周边设置回灌井。地下一层车库围护断面图，如图 6-33 所示。

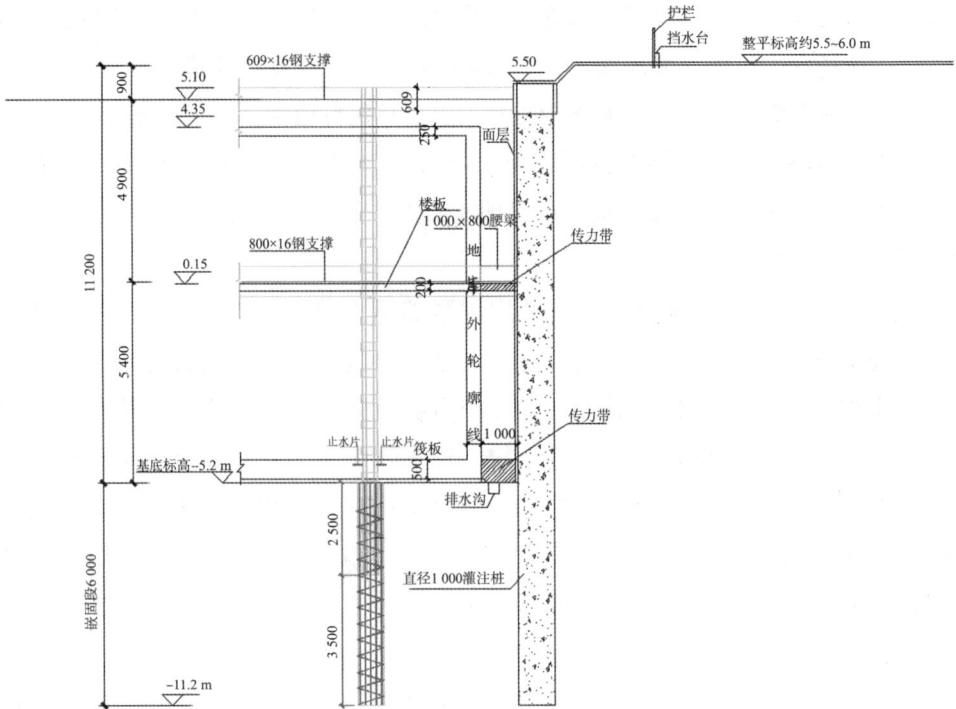

图 6-32 地下二层车库围护断面图（标高单位：m；尺寸单位：mm）

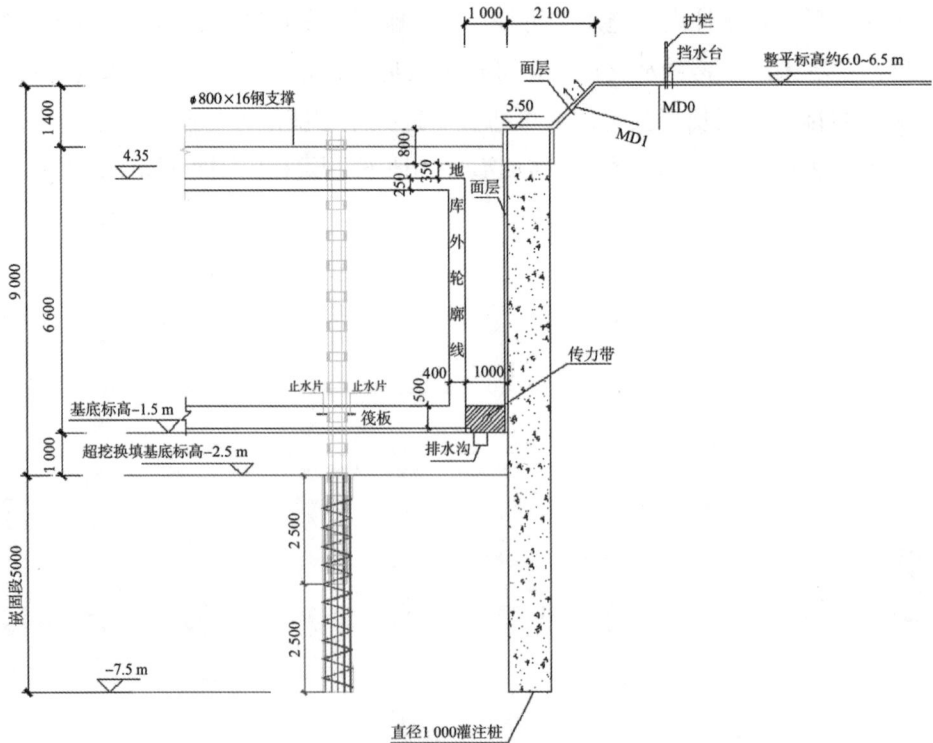

图 6-33 地下一层车库围护断面图（标高单位：m；尺寸单位：mm）

（四）项目材料

（1）混凝土。

主体结构：C40P8 混凝土。

钻孔灌注桩：C30 混凝土。

网喷：C20 混凝土。

素混凝土垫层：C20 混凝土。

（2）钢筋。

HPB300 级：fy = fy' = 300 MPa。

HRB400 级：fy = fy' = 360 MPa。

（3）钢材。

Q235B 级钢。

（五）防水设计

1. 防水设计原则及标准

（1）防水设计原则。结构防水设计遵循"以防为主，刚柔相济，因地制宜，综合治理"的原则，保证结构物和营运设备的正常使用和行车安全。防水以混凝土结构自防水为根本，以接缝防水为重点，辅之以附加防水层加强防水。

（2）防水设计标准。防水等级按二级的要求设计，结构不允许漏水，表面可有少量湿渍。结构内表面湿渍面积≤总内表面积的 2‰，任意 100 m² 内的湿渍≤ 3 点，单一湿渍的最大面积不大于 0.2 m²。

2. 防水技术措施

（1）混凝土结构自防水。采用添加优质粉煤灰、矿渣微粉等复合超细矿物掺合料，以及有补偿收缩功能的膨胀防水剂、高效减水剂，控制胶凝材料用量、水胶比、混凝土中的含碱量、胶凝材料中氯离子的含量、加强养护等措施，来确保结构混凝土自防水性能。

（2）接缝防水。① 车库主体与地下环路接口位置设置变形缝，变形缝中采用中埋式止水带、嵌缝密封胶构成防水体系。同时，缝中设置丁腈软木橡胶板，以适应结构变形。② 施工缝（主要为纵向水平施工缝）：采用钢板止水带与遇水膨胀密封胶相结合的方式，接缝面涂抹能使裂缝产生结晶自闭功效的水泥基渗透结晶防水涂料。

（3）防水层。根据《地下工程防水技术规范》（GB 50108—2008）相关规定，车库主体在采用防水混凝土外，结合该项目场地地质与水文地质条件和地区经验，采用全包防水，即在底板、顶板、侧墙迎水面采用可用于潮湿面施工的涂料或卷材作为防水层，并于其上做好防水层的保护层。变形缝处、结构阴阳角处防水层需做特殊加强处理。

三、通风项目

（一）通风及防排烟系统设计

1. 通风系统设计

（1）地下车库设机械排风兼排烟系统，平时风机低速排风，火灾时高速排烟，火灾时开启着火区域内的排烟风机和补风风机；车库按换气次数计算通风量，通风换气次数为 5 次 / 时，且单台机动车的排风量大于 300 m³/h，送风量为排风量的 80%。

（2）车库内设置 CO 浓度监测系统，排风机与室内 CO 浓度检测系统联动，可根据 CO 浓度自动控制风机的运行；当检测到 CO 浓度大于 30 mg/m³ 时，可自动启动排风设备，延时 10 min 停止排风机，保证地下车库的空气质量不危害使用者的健康。

2. 排烟系统设计

（1）地下车库普通停车区防烟分区按照建筑防火分区划分，防烟分区面积均小于 2 000 m²；电动汽车集中布置的充电设施区按照一个防火单元一个防烟分区设置，防烟分区面积小于 1 000 m²。

（2）该项目利用建筑隔墙、挡烟垂壁等划分防烟分区，挡烟分隔设施在 280℃时的耐火极限不低于 0.5 h，防烟分区不跨越防火分区。

（3）该项目地下车库排烟方式为机械排烟，每个防烟分区均设置一套机械排烟兼排风系统，排烟风机的排烟量按《汽车库、修车库、停车场设计防火规范》（GB 50067—2014）中的规定选取。

（4）车库机械排烟系统的设计风量是系统计算风量的 1.2 倍。

（5）地下车库排烟风机采用消防双速风机离心式风机箱，排烟系统与平时的机械排风系统合用，平时排风低速运行，火灾时高速运行。

（6）排烟风机外壳两侧有 ≥ 600 mm 的净空间。

（7）排烟风机满足 280℃时连续工作 30 min 的要求。排烟风机与风机入口处的排烟防火阀连锁，当该阀门关闭时，排烟风机停止运转。

（8）排烟风机的出风口直通室外。送风机的进风口不与排烟风机的出口设在同一面上，当确有困难时，送风机的进风口与排烟风机的出风口分开布置，并满足以下条件：竖向布置时，送风机的进风口设置在排烟风机出口的下方，其两者边缘最小垂直距离大于 6 m；水平布置时，两者边缘最小水平距离大于 20 m。

3. 补风系统设计

（1）地下车库的每个防火分区设置一个补风机房，消防排烟时该防火分区的排烟风机联动该防火分区内的补风机开启，补风口与排烟口设置在同一防烟分区时，补风口在储烟仓下沿以下；补风口与排烟口设置在同一空间内相邻防烟分区时，补风口位置在上方，补风口与排烟口水平距离≥5 m。同时，地下车库设置机械补风系统，补风量≥排烟量的50%。

（2）补风系统与排烟系统联动开启或关闭。

（3）机械补风口的风速≤10 m/s，人员密集场所补风口的风速≤5 m/s；自然补风口的风速≤3 m/s。

（4）补风管道的耐火极限≥0.5 h，当补风管道跨越防火分区时，管道的耐火极限≥1.5 h。

四、给排水消防项目

（一）车库内消防设施

根据车库的车位数，该停车场为一类停车场。其主要设置的消防设施包括消火栓、自动喷水灭火系统、手提式干粉灭火器。

设计火灾延续时间为2 h，车库内消防用水量为10 L/s，自喷用水量为40 L/s，一次消防用水量为216 m³。

消防管道内的消防供水压力应保证用水量达到最大时，最不利点水枪充实水柱不应小于10 m。消火栓栓口处的出水压力超过0.5 MPa时，应设置减压设施。

1. 消火栓

（1）该项目室内消火栓系统不分区。

（2）室内消火栓采用湿式系统，室内消防用水量为10 L/s，水源由消防水池提供。

（3）车库消火栓采用带灭火器的组合式消防柜（甲型），内设DN65 mm消火栓一个；麻质衬胶水龙带一条，长为25 m；DN19 mm水枪一个；按钮一个；灭火器两具。

（4）消火栓水枪充实水柱不小于10 m，最不利消火栓处栓口压力不小于0.25 MPa。

（5）每个消火栓均设报警装置，报警装置将报警信号传至消防控制中心。

（6）本建筑内各层均设消火栓保护，其布置要保证室内任何一处均有两股水柱同时到达。消火栓栓口距地为1.1 m。

（7）消火栓系统设置地上式水泵接合器，选用SQS100-C型。

（8）室内外消火栓、消防水泵接合器的安装应符合《消防给水及消火栓系统技术规范》（GB 50974—2014）的规定，室外消火栓及消防取水口均应设置永久性固定标识。水泵接合器处应设置永久性标志铭牌，并应标明供水系统、供水范围和额定压力。

（9）室内消火栓的控制：平时室内消火栓系统的运行压力由增压稳压设备维持。在管网上设置的自动启泵由开关控制，当发生火灾时，启动泵房内的一台室内消火栓加压泵，稳压泵停止运行。在消防水箱出水管处设置流量开关，当流量达到 1.0 L/s 时，启动泵房内的一台室内消火栓加压泵，稳压泵停止运行，并将上述信号反馈到消防控制室。

2. 自动喷水灭火系统

（1）车库采用预作用自动喷水灭火系统。

（2）自喷系统喷头：直立型玻璃喷头，K=80，喷头动作温度为 68℃，配水管道与喷头间短立管管径为 DN25。

（3）自喷系统应有备用喷头，其数量不应少于总数的 1%，且每种型号均不得少于 10 只。

（4）每个报警阀组控制的最不利点喷头处设末端试水装置，其他防火分区、楼层设末端试水阀。自喷系统水平配水管网设有湿式 0.3% 的坡度坡向供水干管，报警阀后设有 DN50 泄水阀。

（5）自喷系统于室外设置地上式消防水泵接合器，其供水管分别在报警阀前与自喷供水管相连。其距离室外消火栓的距离为 15 ~ 40 m，具体位置由室外设计统一考虑。

3. 手提式干粉灭火器

（1）地下车库为 B 类火灾，中危险级，采用磷酸铵盐干粉灭火器，设置 MF/ABC4，每处 2 具，最大保护距离为 12 m。

（2）变配电室等带电火灾场所按中危险级 E 类火灾场所设计，配置 4 kg 磷酸铵盐干粉灭火器，每处 2 具，最大保护距离为 12 m。

（3）灭火器应设在位置明显和便于取用的地点，不得影响安全疏散，并且不得设在超出其使用温度范围的地点。灭火器置于灭火器箱内，所有灭火器箱均不得上锁，便于迅速取用。

（4）灭火器放置在灭火器箱内，灭火器箱距地面距离为 0.15 m。灭火器箱选用 XMDDG22，暗设的灭火器箱不应采用翻盖式。

4. 车库室外消火栓

车库室外消火栓由校园内原有室外消火栓保护，以配合灭火器和消火栓扑救较大的火灾。

5. 供水管网

其管网形式为环状管网给水系统，消防管网构成闭合环形、双向供水。管网保持常有水状态，一旦发生火灾，即可投入使用。车库内消防干管采用涂塑钢管，由卡箍连接。

（二）车库消防供水系统

（1）消防水源。车库外敷设有园区供水管网，作为室外消防水源。车库室内消防供水系统由消防水池、消防泵及稳压装置、水泵接合器和供水管网组成。车库室内消防供水系统为临时高压给水系统。

（2）消防水泵接合器。车库的进出口均设置室外消火栓和水泵接合器，以便发生火灾时向给水管网供水，以及消防车向管道供水。

（3）消防泵。消防水池旁设置消防水泵房，在泵房内设置消防水泵两台（一用一备）、自喷泵两台（一用一备），扬程应满足最不利点水枪充实水柱不应小于 10 m 的要求，且应满足管道内的消防供水压力在保证用水量达到最大时，最低压力不小于 0.3 MPa。

（三）车库排水系统

车库排水系统主要包括废水系统和雨水系统。排水采用分流制，废水排入城市污水管道，雨水排入城市雨水管道。

（1）车库废水系统。车库废水系统主要是将车库内消防废水、结构渗入水、冲洗水及管道泄水、漏水等通过排水自流到集水池内，通过潜污排水泵提升后排至室外污水检查井。

（2）车库雨水系统。车库雨水系统用于排除车库入口的雨水，雨水通过横截沟排入集水池内，通过潜污泵提升后排至室外雨水检查井。

（四）施工说明

1.管材

1）给水管

（1）室外埋地管采用 PE 管，热熔连接。市政直供给水、加压给水干管和立管采用内衬塑钢管，DN80 及以下螺纹连接，DN100 及以上卡箍连接，公称压力为 1 MPa。

（2）与设备、阀门、水表、水嘴等连接时，应采用专用管件。

（3）给水管道必须采用与管材相适应的管件，生活给水系统所涉及的材料必须达到饮用水卫生标准。

2）排水管

（1）污废水重力流排水立管和支管采用机制柔性铸铁管，承插连接。

（2）消防水池溢流管和放空管采用热镀锌钢管，沟槽式卡箍或法兰连接。

（3）压力污水管、压力废水管采用热镀锌钢管，DN＞80 时采用沟槽式连接，

DN≤80时采用螺纹连接。

3）消防管

（1）埋地消防管道采用钢丝网骨架塑料复合管，公称压力为1.6 MPa；室内架空消防管道采用内外壁热镀锌钢管，公称压力为1.6 MPa。DN＞50采用卡箍连接；DN≤50采用丝接。

（2）埋地喷淋管道采用钢丝网骨架塑料复合管，公称压力为1.6 MPa；室内架空自动喷淋管道采用内外热镀锌钢管，公称压力为1.6 MPa。DN＞50时采用卡箍连接；DN≤50时采用丝接。

（3）管材需经国家固定灭火系统和耐火构件质量监督检验合格。

2. 阀门及附件

1）阀门

（1）生活给水管管径≤50 mm时，采用铜质截止阀；管径＞50 mm，采用铜芯不锈钢闸阀。

（2）消火栓系统采用DKM73H对夹式蝶阀，公称压力为1.6 MPa；不带信号装置的阀门要求有明显的启闭标识（置于常开状态）及阀位锁定功能。

（3）自喷系统连接报警阀的控制阀均采用带信号装置的铜芯蝶阀，其他采用1.6 MPa工作压力的专用蝶阀，同时应带有明显的启闭标识（置于常开状态）及阀位锁定功能。

（4）稳压泵吸水管应设置明杆闸阀，出水管应设置消声止回阀和明杆闸阀。

（5）消防水泵吸水管上采用球墨铸铁明杆闸阀，工作压力为1 MPa；出水管上采用HH44H微阻缓闭止回阀，公称压力为1.6 MPa。

（6）压力排水管上的阀门采用铜芯球墨铸铁外壳闸阀，止回阀采用污水专用无堵塞球形止回阀，工作压力为1 MPa。

2）附件

（1）严禁使用钟罩式地漏，地漏及洁具存水弯水封高度不小于50 mm。车库地面排水地漏采用铸铁直通型。

（2）地面清扫口采用铜制品，清扫口表面与地面平。当排水管DN＜100时，清扫口尺寸同管道管径；当排水管DN≥100时，清扫口直径为100 mm。

（3）全部给水配件均采用节水型产品，不得采用淘汰产品。

（4）排水立管检查口距地面或楼板面1 m。

3. 管道敷设

（1）排水管穿楼板应预留孔洞，管道安装完后将孔洞严密捣实，立管周围应设高出楼板面设计标高 10 ~ 20 mm 的阻水圈。穿越楼板及不同的防火分区的塑料排水管应安装阻火圈。同时，排水管道不得穿越伸缩缝、变形缝。

（2）管道穿钢筋混凝土墙和楼板、梁时，应根据图中所注管道标高、位置配合土建工程预留孔洞或预埋套管。穿建筑外墙、水池壁和防水层处应预留防水套管。消防及给排水管道穿越楼板、室内防火墙、防火分隔墙、结构梁处应预留国标镀锌钢套管，套管缝隙之间，应采用阻燃密实材料和防水油膏填实，同时应遵循《建筑防火封堵应用技术规程》（CECS 154—2003）和《防火封堵材料》（GB 23864—2023）等标准规范。

4. 管道坡度

（1）排水支管均按通用坡度 0.026 敷设，横干管及出户管按照以下坡度安装：DN100，i=0.02；DN150，i=0.01。

（2）给水管、消防给水管均按 0.002 的坡度坡向立管或泄水装置。通气管以 0.01 的上升坡度坡向通气立管。

5. 管道支架

（1）管道支架或管卡应固定在楼板上或承重结构上；水泵房内采用减震吊架及支架；立管每层距地面 1.5 m 高度安装一个固定管卡，其上每间隔 2 m 垂直距离安装一个固定管卡。

（2）钢管水平安装支架间距，按《建筑给水排水及采暖工程施工质量验收规范》（GB 50242—2002）的规定施工；其他管道支架间距按相应技术规程执行。管道连接处、变线处、管线终端、穿墙处及设有阀件处的两端均须增设支架。

（3）支吊架焊接应采用角焊缝满焊，焊缝高度应与较薄焊件厚度相同，焊缝饱满、均匀，不应出现漏焊、夹渣、裂纹等现象。吊杆与吊架根部进行焊接时，焊接长度应大于 6 倍的吊杆直径。支架在制作完毕后均须进行热浸镀锌处理，热镀锌层厚度不小于 45 μm，表面处理应符合《金属覆盖层　钢铁制件热浸镀锌层　技术要求及试验方法》（GB/T 13912—2020）的标准要求。管道支吊架应有防震要求设置，在管卡部位的管道周围衬垫 5 mm 厚的橡胶层，以保护管道和防止电化学腐蚀。

6. 固定件

排水管上的吊钩或卡箍应固定在承重结构上。固定件间距要求：横管不得大于 2 m，立管不得大于 3 m，层高小于或等于 4 m，立管中部可安一个固定件。自动喷水管道的吊架与喷头之间的距离应不小于 300 mm，距末端喷头距离不大于 750 mm，吊架应位于相邻喷头间的管段上，当喷头间距不大于 3.6 m 时可设一个，小于 1.8 m 时则允许隔段设置。

7. 管道连接

（1）污水立管偏置时，应采用乙字管或2个45°弯头。乙字弯上部应设检查口。

（2）污水立管与横管及排出管连接时采用2个45°弯头，且立管底部弯管处应设支墩。

（3）自动喷水灭火系统管道变径时，应采用异径管连接，不得采用补芯。

（4）安装阀门时应将手柄留在易于操作处。安装在管井、吊顶内的管道，凡设阀门及检查口处均应设检修门。

（5）管道安装过程中，如遇有与其他管道或梁柱相碰的，可根据现场情况做适当调整，调整原则是有压让无压，小管让大管。

五、电气项目

（一）电气设计范围

该设计包含以下内容的设计范围。

（1）供配电系统。

（2）动力及照明系统。

（3）防雷与接地系统。

（4）电缆的选型及敷设。

（5）火灾自动报警系统。

（6）安全防范系统。

（7）建筑设备监控系统。

（8）广播系统。

（9）电气节能设计。

（10）建筑电气抗震设计。

（二）供配电系统

（1）该项目停车位数量为550个，为大型车库。其消防用电负荷等级为一级负荷，其余为三级负荷。其总负荷容量约为680 kW，其中车库照明及动力负荷为300 kW，共有充电桩55个，充电桩用电量为380 kW。

（2）该项目设置1座配电室，其电源引自学校内部变电所，电压等级为0.4 kV。经落实，现状变电所容量及断路器数量满足该项目需求。

（3）该项目消防风机、水泵、应急照明、火灾自动报警系统等消防负荷，负荷等级均为一级，其余负荷均为三级。

（三）动力及照明系统

（1）普通照明用电电压为 220 V，灯具采用 I 类灯具，采用 LED 光源，功率因数不低于 0.9，灯具效率不宜低于 90%。

（2）应急照明采用集中控制集中电源系统。应急照明灯具和疏散指示灯具均为 A 类灯具，照度不低于 5 lx，持续供电时间不少于 40 min。在变电所、消控室等有人值班场所设置备用照明，备用照明照度应与正常照明一致，持续供电时间不少于 180 min。

（3）照明、插座由不同的支路供电，插座回路均设漏电断路器。

（4）车库内行车道及停车位照明灯具采用智能控制系统；其余场所照明灯具采用分散集中控制，以达到节能目的。

（5）车库内行车道照度不低于 50 lx，功率密度不大于 2 W/m^2；停车位照度不低于 30 lx，功率密度不大于 1.8 W/m^2。其余各类房间照度标准和单位面积功率密度应满足《建筑照明设计标准》（GB/T 50034—2024）的要求。

（6）供电方式采用放射式供电。消防负荷末端设置双电源切换箱，三级负荷采用单电源供电。

（7）电动机功率小于 30 kW 的，均采用直接启动方式；高于 30 kW 的，根据需求合理选择启动方式。消防设备功率大于 30 kW 的，采用星三角或自耦降压启动。

（四）防雷与接地系统

（1）该项目地面建筑物达不到三类防雷设防标准，建筑顶部不设屋顶接闪装置。

（2）该项目接地型式采用 TN-S 系统。建筑物内设备、管道、构架等金属物，就近接至接地装置；在强电电源进线箱附近设置总等电位联接箱 MEB。

（3）优先利用基础内钢筋作为接地干线。实测不满足要求时，应增设人工接地极。建筑物电子信息系统的雷电防护等级为 C 级。防雷设计应具备防雷电感应和预防雷击电磁脉冲侵入的功能，并设置等电位连接。

（五）电缆选型及敷设

该项目非消防低压干线明敷选用 WDZB-YJY-0.6/1 kV 型低烟无卤阻燃电力电缆，支线选用 WDZB-BYJ-450/750 V 型低烟无卤阻燃电线。消防低压干线选用 WDZBN-YJY-0.6/1 kV 型阻燃耐火电力电缆，消防低压支线选用 WDZBN-BYJ-450/750 V 型阻燃耐火电力电线。

主电缆均穿桥架敷设，其余电缆穿热镀锌焊接钢管沿墙暗敷。

（六）火灾自动报警系统设计

该项目采用集中报警系统。

系统组成：火灾探测报警系统，消防联动控制系统，防火门监控系统，电气火灾监控系统，消防设备电源监控系统。

消防控制室：① 该项目消防控制室使用学校内统一的消防控制室。② 消防控制室内设置的消防设备应包括火灾报警控制器、消防联动控制器、消防控制室图形显示装置、消防专用电话总机、消防应急广播控制装置、消防应急照明和疏散指示系统控制装置、消防电源监控器等设备，或应具有相应功能的组合设备。消防控制室内设置的消防控制室图形显示装置应能显示车库内设置的全部消防系统及相关设备的动态信息和相关规定的消防安全管理信息，并应为远程监控系统预留接口，使其具有向远程监控系统传输有关信息的功能。③ 消防控制室可接收感烟、感温等探测器的火灾报警信号及水流指示器、信号阀、压力开关、手动报警按钮、消火栓按钮、电气火灾的动作信号。④ 消防控制室可显示消防水池、消防水箱的报警水位，显示消防水泵的电源及运行状况。⑤ 消防控制室设有用于火灾报警的外线电话。⑥ 消防控制室可联动控制所有与消防有关的设备。

（1）火灾探测报警系统。① 任一台火灾报警控制器所连接的火灾探测器、手动火灾报警按钮和模块等设备总数和地址总数均不超过 3 200 点；任一台消防联动控制器地址总数或火灾报警控制器（联动型）所控制的各类模块总数不超过 1 600 点。系统总线上设置总线短路隔离器。② 探测器：车库、各类房间等处设置感烟探测器；变配电室采用感烟、感温火灾探测器；大空间的火灾报警探测方式采用红外对射探测方式。每个防火分区按要求设置手动报警按钮、声光报警器及消防对讲电话插孔。在消火栓箱内设置消火栓报警按钮。

（2）消防联动控制系统。消防联动控制系统能按设定的控制逻辑向各相关的受控设备发出联动控制信号，并接收相关设备的联动反馈信号。消防水泵、防烟和排烟风机的控制设备除采用联动控制方式外，还应在消防控制室设置手动直接控制装置。需要火灾自动报警系统联动控制的消防设备，其联动触发信号应采用两个独立的报警触发装置报警信号的"与"逻辑组合。

消防联动控制有消火栓系统的联动控制、自动喷水灭火系统的联动控制、超细干粉灭火系统的联动控制、防火门的联动控制、电梯的联动控制、火灾警报和消防应急广播系统的联动控制、消防应急照明和疏散指示系统的联动控制、安防系统的联动控制等。

消防专用电话系统。消防专用电话系统为独立的消防通信系统。消防控制室设置消防专用电话总机。电话分机或电话插孔设置在消防水泵房、变配电室、网络机房、灭火控制系统操作装置处或控制室、消防值班室，与消防联动控制有关的且经常有人值班的机房均设置消防专用电话分机。消防专用电话分机固定安装在明显且便于使用的部位，需有区别于普通电话的标识。

（3）防火门监控系统。防火门监控系统设置在消防控制室内。其余疏散走道上的常闭防火门均设置防火监控装置。

（4）电气火灾监控系统。电气火灾监控系统设置在消防控制室，电气火灾监控系统的报警信息和故障信息均应在消防控制室图形显示装置或集中火灾报警控制器上显示；同时，该类信息与火灾报警信息的显示应有区别。

（5）消防设备电源监控系统。该系统由监控主机、中继器、监控模块和传输缆线组成。监控主机设在消防控制室，对所监测的消防设备电源的运行信息、故障信息、位置信息等参数进行跟踪采集、存储、分析，方便用户进行管理和监控，通过人机交互界面，将消防设备电源的数据汇总显示，做到提前发现电源隐患，提示维护人员尽早维修，从而确保消防设备在火灾情况下的正常运转。

电源及接地。消防用电设备采用双路电源供电并在末端设自动切换装置。消防控制室设备除双电源末端切换供电外，设备自带蓄电池也可作为直流备用电源。

消防系统线路敷设要求。火灾自动报警系统的供电线路、消防联动控制线路均采用耐火铜芯电线电缆，报警总线、消防应急广播和消防专用电话等传输线路均采用阻燃或阻燃耐火电线电缆。不同电压等级的线缆不应穿入同一根保护管内，当合用同一线槽时，线槽内应有隔板分隔。

（七）安全防范系统

车库安全防范系统可分为以下几个分系统。

（1）视频安防监控系统。

（2）出入口控制系统。

（3）停车库管理系统。

（4）监控中心。

1. 视频安防监控系统

车库视频安防监控系统的设置旨在对车库内人员、车辆的行为提供记录，为车库的安全防范、运营管理提供可靠的视频依据。

该系统包括前端设备、传输设备、处理/控制设备、记录/显示设备。前端设备选用网络红外枪式摄像机，对车库进行无死角监控。摄像机分辨率不低于1 080 P。传输设备采用以太网，通过光纤、网线等方式进行传输。处理/控制设备采用单独设置的视频监控服务器，对全场摄像机进行管理。同时，在监控室内设置网络视频录像机（NVR）作为视频存储设备，存储天数为30 d，并设置拼接显示屏幕。

2. 出入口控制系统

在车库内部办公用房、配电室、弱电机房等部位设置门禁，作为出入口控制系统。设防区域通过对象及时间等进行授权、实时和多级程序控制，同时系统应具备报警功能。

该系统除了在设防区域门口加装控制器、电磁门锁、读卡器等设施外，还应在监控室设置门禁主机，实现对门禁系统的统一管理，并具备报警、实时控制、撤设防等功能。

3. 停车库管理系统

车库的停车库管理系统由入口部分、库区部分、出口部分、中央管理部分组成。

入口部分由试读、控制、执行三部分组成。库区部分由车辆引导装置、库区监控系统组成。出口部分设置相应的收费、图像获取、对讲等设备。中央管理部分设置工作站、数据库、管理执行设备（车辆授权设备、对讲机、打印机等）。

停车库管理系统应能够实现智能化、可视化功能，可以快捷、准确地引导车辆停入及驶离车位，并可根据出入口拥堵情况，引导车辆快速离开车库。停车计费系统可实现 App 移动支付及非接触、现金等多种支付方式，提高缴费效率。

4. 监控中心

监控室与学校现状监控室合用，该项目包含新设控制主机及视频存储的扩容。

（八）安全防范系统

建筑设备监控系统是运用自动化仪表、计算机过程控制和网络通信技术，对建筑物的环境参数和建筑物机电设备运行状态进行自动化检测、监视、优化控制及管理。

该系统由监控计算机、现场控制器、仪表和通信网络组成。监控计算机设置在监控室内，负责系统中设备运行状态的系统运行参数的汇集，以及记录、存储、查询历史运行数据，并出具相关报表。现场控制器包括各类仪表的控制主机、控制器等。仪表主要为变配电室的智能电表、各类非消防风机的远程 BAS 控制点、车库 CO 检测仪表等。通信网络采用以太网、总线等组网方式，实现快速、高效的信息传递。

（九）广播系统

车库内设置业务性广播系统，满足日常引导、告知、宣传等用途。

该广播与消防广播合用。消防状态时，由消防控制室切换馈送线路，使业务性广播强制切换至火灾应急广播状态。

（十）电气节能设计

（1）该项目的照明采用高效光源、高效灯具，LED 灯具的效能不低于 90%。其所采用灯具功率因数均要求大于 0.9。

（2）通过负荷计算，合理选择电线电缆的截面，以达到节能的目的。电动机采用高效节能产品，其能效应符合《电动机能效限定值及能效等级》（GB 18613—2020）节能评价值的规定。

（十一）建筑电气抗震设计

（1）该项目抗震设防烈度为7度，需做电气抗震设计。

（2）地震时保证正常人流疏散所需的应急照明及相关设备的供电。地震时保证火灾自动报警及联动系统的正常工作，保证通信设备电源的供给以及通信设备的正常工作。

（3）配电箱（柜）、通信设备的安装，配电导体，电气管路敷设均应符合《建筑机电工程抗震设计规范》的要求。

六、管线项目

（一）说明

（1）地下车库周边存在现状雨水、给水、电力等管线，为满足地下车库施工要求，本次将影响地下车库施工的雨水、给水、电力管线迁改至沿车库外围敷设。

（2）地下车库配套给排水、电力、通信等专业管线。

（二）管材、管基及附属设施情况

本次地下车库管迁及新建管线管材、管基及附属设施同地上相关管线专业管材。

七、景观设计

（一）设计范围及内容

景观设计范围为中国石油大学（华东）校区内光华大道与华东路交叉口的绿地广场区域，设计面积为 30 181 m²。其设计内容包括行道树、路侧绿带、种植设计、竖向设计、设施设计等。

（二）现状分析

该区域现状为地上停车场，地面采用嵌草砖铺装，车位间以法桐和红叶石楠篱间隔，植物长势良好。

图 6-34　现状景观照片

（三）具体设计

1. 行道树

统一道路整体景观，选用胸径 18 cm 的法桐作为行道树，采用树池形式，布置间距为 5 m，共计 120 株，避让管线进行栽植。

2. 路侧绿带

对地下车库施工破坏的铺装及绿化进行恢复，铺装面积为 1 450 m²，绿化面积为 24 030 m²。绿化设计采用自然式的种植形式，以乔灌木、草复层搭配为主，以常绿或落叶大乔木如雪松、银杏、黄山栾等为背景，色叶及观花乔木如紫叶碧桃、垂丝海棠、染井吉野樱等作为绿化主基调，灌木地选用红叶石楠、大叶黄杨、金森女贞等形成流畅的模纹曲线，使其在视觉上有疏有密、有高有低、有遮有敞，营造出疏朗大气、通透灵动的空间。

（四）专项设计

1. 苗木迁移

对位于施工范围内的苗木进行迁移，迁移乔木约 600 株，迁移灌木约 350 株。

2. 种植设计

（1）设计目标。种植设计以当地总体生态系统为框架，尊重地带性植被景观，营造出具有地方特质的绿色空间；通过种植设计尽可能创造丰富的季相变化，突出文化内涵；种植结合周边用地及规划情况，使绿化景观与环境自然地融合到一起；用乡土植物构建多种类型的植物群落，同时展现富有季相性变化的景观。

（2）苗木选择。在植物选择上，一方面考虑与沿线规划用地有机结合，另一方面考虑与周边的地形、地貌与道路绿地等连成系统。通过植物规划，提高区域整体的环境质量，使用不同种类以及不同品种的植物布置，形成各种形式的群落或组合，以满

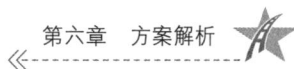

足在观赏、改善气候、卫生条件等方面的要求。该项目在绿化设计上尽量使用本土植物，在满足绿化要求的基础上，降低种植成本，同时兼顾生态需求。本次设计以常绿及落叶树结合花乔木、地被草坪为主，局部点缀造型树。同时，应充分考虑植物色相与季相的搭配，营造三季有花、四时有景的景观效果。

3. 设施设计

本设计采用石材与防腐木相结合的座椅，沿路侧设置10个，分类垃圾箱设置10个。

4. 苗木表

地下车库出口种植苗木，苗木种类、规格等如表6-14所示。

表6-14 地下车库出口苗木种类、规格等

乔灌木						
序号	名称	规格			数量（株）	备注
		胸（地）径（cm）	高度（cm）	冠幅（cm）	枝下高（m）	
1	雪松B	—	600	300	0.5	83	树形美观，裙摆完整（实生苗）
2	造型黑松B	D：20	400	350	1.5	3	平头 全冠，树形美观、挺拔
3	造型黑松A	D：15	350	300	1.2	7	平头 全冠，树形美观、挺拔
4	丛生朴树	各分枝7.0	700	400	—	2	全冠，树形美观，饱满，不少于5分枝
5	丛生银杏	各分枝7.0	800	400	—	4	全冠，树形美观，饱满，不少于5分枝
6	水杉C	15	700	300	3	81	全冠，树形美观、挺拔
7	银杏A	15	700	300	3	126	全冠，树形美观、挺拔
8	五角枫A	15	550	400	3	91	全冠，树形美观、挺拔
9	黄金槐A	10～11	400～450	＞250	1.5	55	全冠，树形美观、饱满
10	山杏E	D：13	400	300	—	87	全冠，树形美观、挺拔
11	染井吉野樱	D：10	350	200	1	36	全冠，树形美观、挺拔
12	日本樱花	D：12	400	300	1	99	全冠，树形美观、挺拔
13	红枫A	D：9～10	250～300	250	0.8	2	全冠，树形美观、饱满
14	红枫B	D：7～8	200～250	200	0.8	4	全冠，树形美观、饱满
15	银姬小蜡球A	—	200	200		2	株形美观、饱满
16	大叶黄杨球A	—	180	180		2	株形美观、饱满
17	大叶黄杨球B	—	150	150		4	株形美观、饱满
18	大叶黄杨球C	—	100	100		2	株形美观、饱满
19	红叶石楠球B	—	150	150		2	株形美观、饱满
20	红叶石楠球C	—	100	100		9	株形美观、饱满
21	景石A	—	—	—		9	千层石，1.5 m×1.5 m×1.2 m
22	景石B	—	—	—		3	千层石，1.2 m×1.0 m×1.0 m

灌木地被				
序号	名称	规格		备注
		高度（cm）	冠幅（cm）	面积（m²）	

序号	名称	高度（cm）	冠幅（cm）	面积（m²）	备注
1	丰花月季	60	35	716	16株/平方米
2	大叶黄杨	60	35	1 593	16株/平方米，高度为修剪后，栽植后不露土
3	红叶石楠	60	35	917	16株/平方米，高度为修剪后，栽植后不露土
4	八仙花	40	25	46	16株/平方米
5	金边黄杨	40	25	386	25株/平方米，高度为修剪后，栽植后不露土
6	瓜子黄杨	40	25	1 944	25株/平方米，高度为修剪后，栽植后不露土
7	毛鹃	35	20	978	36株/平方米，高度为修剪后，栽植后不露土
8	常春藤	藤长＞60	—	827	两年生，16株/平方米
9	细叶麦冬	＞20	—	2 941	3~5芽/丛，64丛/平方米
10	时令花卉（红）	—	11	187	120株/平方米，按季节更换，一年至少更换四次
11	时令花卉（黄）	—	11	155	120株/平方米，按季节更换，一年至少更换四次
12	常绿草坪	—	—	9 172	成品满铺
13	高次团粒喷播	—	—	6 101	专业厂家二次深化

第六节　地下游泳馆项目

一、建筑项目

（一）项目概况

地下游泳馆位于长江西路与江山南路交叉口东南象限地块，中国石油大学（华东）用地范围内，利用岔河桥东侧沿街绿地和校园内停车用地，在现状体育馆西侧配建地下游泳馆。其总建筑面积为6 000 m²，占地面积为3 300 m²，泳池为21×50 m标准泳池，面向学校内设置出入口。

（二）建筑总体设计

该游泳馆总建筑面积为 6 000 m²，地上一层、地下三层，地下建筑面积为 5 500 m²。游泳馆推荐方案鸟瞰图如图 6-35 所示，总平面图如图 6-36 所示。泳池北部设地面主出入口，作为主要人行集散空间，主出入口西侧及南侧设两处出地面疏散楼梯间，泳池上空设出地面采光天窗。其地上建筑耐火等级为二级，地下建筑耐火等级为一级。

图 6-35　游泳馆推荐方案鸟瞰图

（三）总平面设计

拟建项目位于中国石油大学（华东）内部，建筑功能含教学活动及社会活动，面向人群为校内师生及社会人群，故建筑主出入口设置于场地西北部，临近场地停车场位置，面向学校主体育馆设置出口。其余两个出地面疏散楼梯间位于主出入口西部和南部，场地西侧一带设置泳池顶部出地面天窗。场地结合绿化景观，在完成建筑施工后恢复绿化种植及现状停车场和标枪跑道，减少对现有场地功能和校区整体景观的影响。

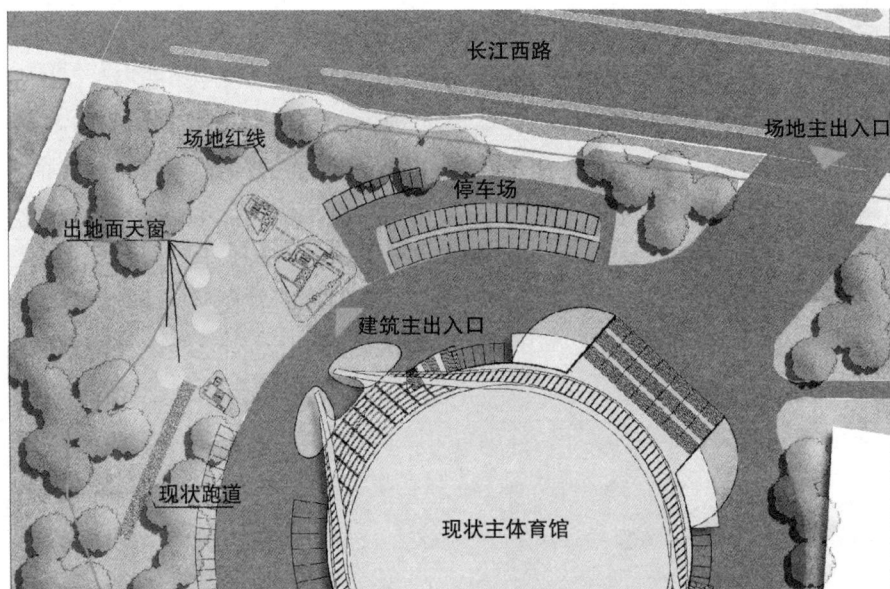

图 6-36　游泳馆总平面图

（四）建筑方案平面图

拟建游泳馆为全地下游泳馆，设 21 m × 50 m 逆流式循环标准泳池，可供校内师生教学、小型校内比赛、社会娱乐使用。

场馆为地上一层、地下三层，地面一层为泳池主出入口单体建筑及两座疏散楼梯间。其中，主出入口单体建筑含门厅大堂、接待区，及水箱间、加压机房、消防值班室。游泳馆地面层平面图如图 6-37 所示。

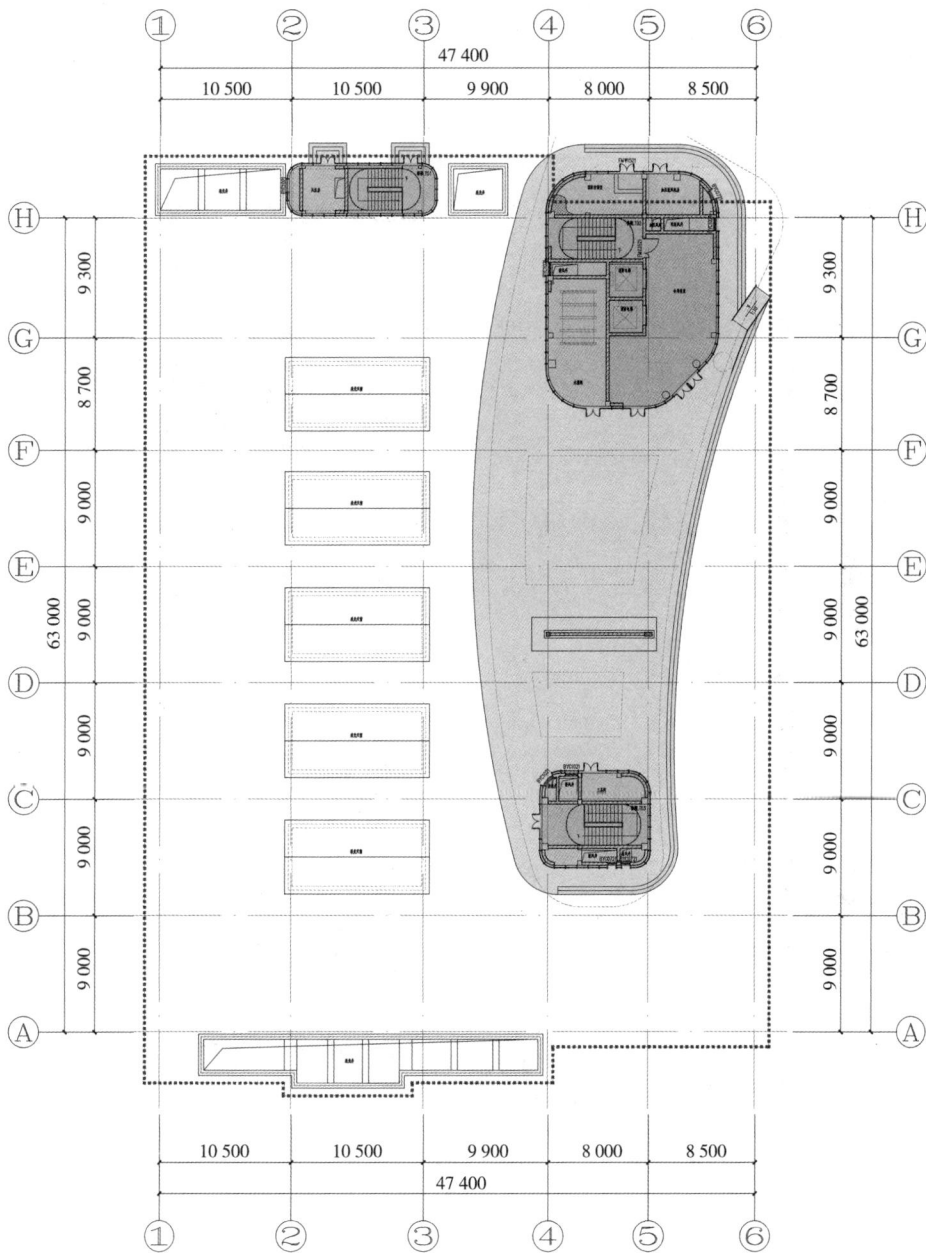

图 6-37　游泳馆地面层平面图（单位：mm）

　　该场馆地下部分为泳池区及配套服务区，其中泳池区为地下一层，配套服务区为局部地下三层，地下一层建筑面积为 1 077 m²，平面图如图 6-38 所示，主要为教学用房及设备用房，含办公室、排烟机房、强电间、弱电间、空调机房、消防水池、消防水泵房、疏散楼梯间、电梯间。

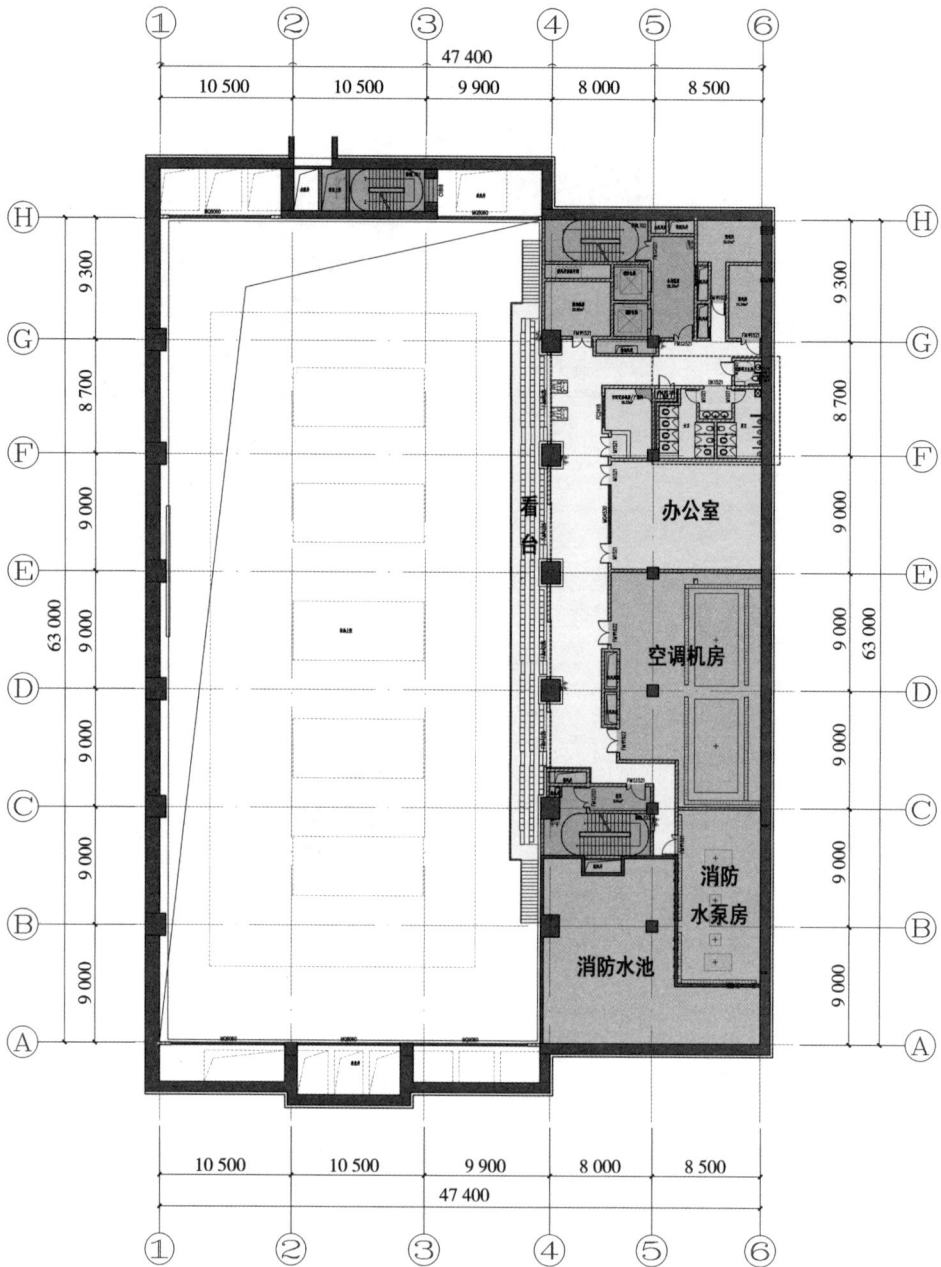

图 6-38　游泳馆地下一层平面图（单位：mm）

地下二层建筑面积为 3 300 m²，主要为泳池配套用房、教学用房等，含泳池、男女更衣室、男女浴室、泳池内男女卫生间、救生员室、急救室、消毒室、清扫工具间、办公室、体育器材室、广播室、公共区男女卫生间、茶水间、加压送风机房、疏散楼梯间。地下二层平面图如图 6-39 所示。

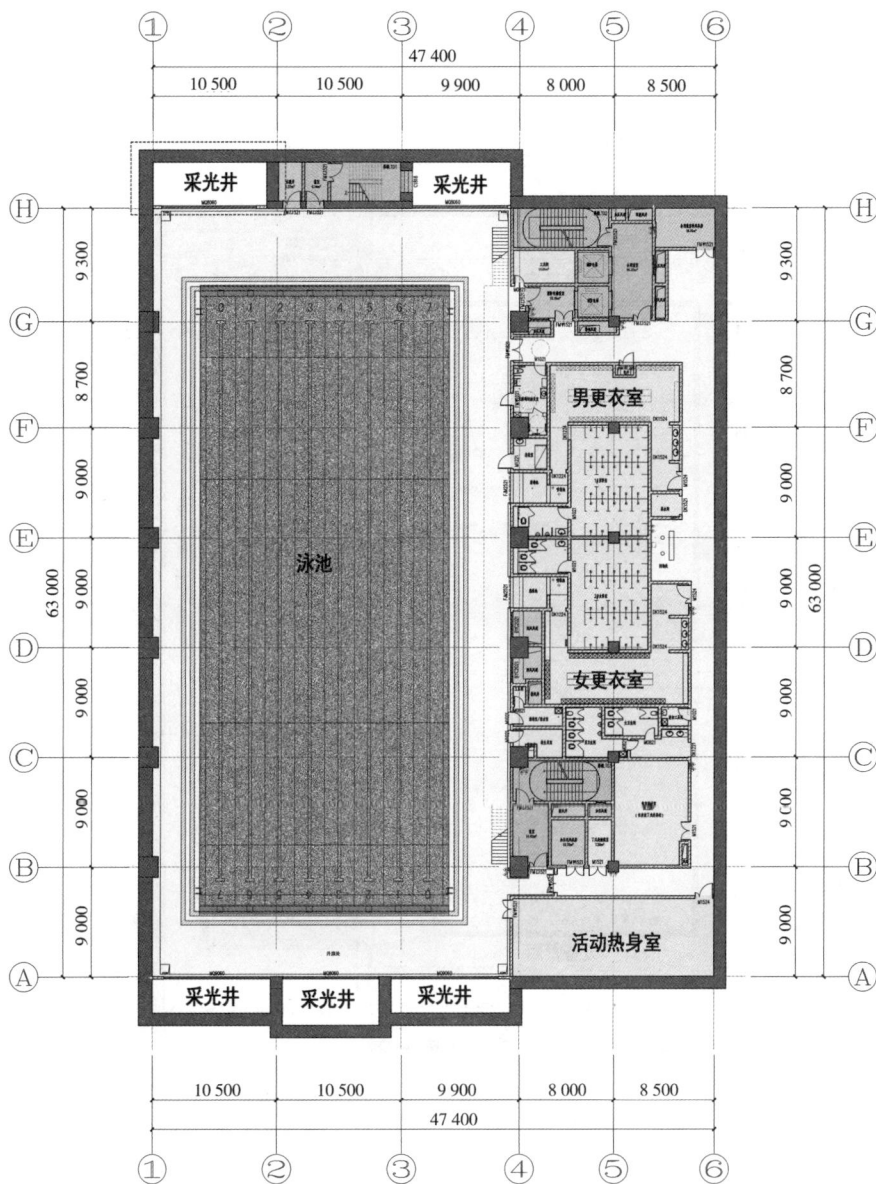

图 6-39　游泳馆地下二层平面图（单位：mm）

该游泳馆泳池池岸净宽满足《体育建筑设计规范》（JGJ 31—2003）要求，东侧池岸预留活动看台设置空间，预留观众出入口，满足小型校内比赛的观众需求；另设可存放活动看台的器材室，在平时教学活动时可存放活动看台。

该游泳馆地下三层建筑面积为 1 055 m²，主要为设备用房，通过池岸下方设备管廊与泳池相接。其房间功能含补风新风机房、水处理机房、污水处理间、风机房、空气源热泵房、设备间。地下三层平面图如图 6-40 所示。

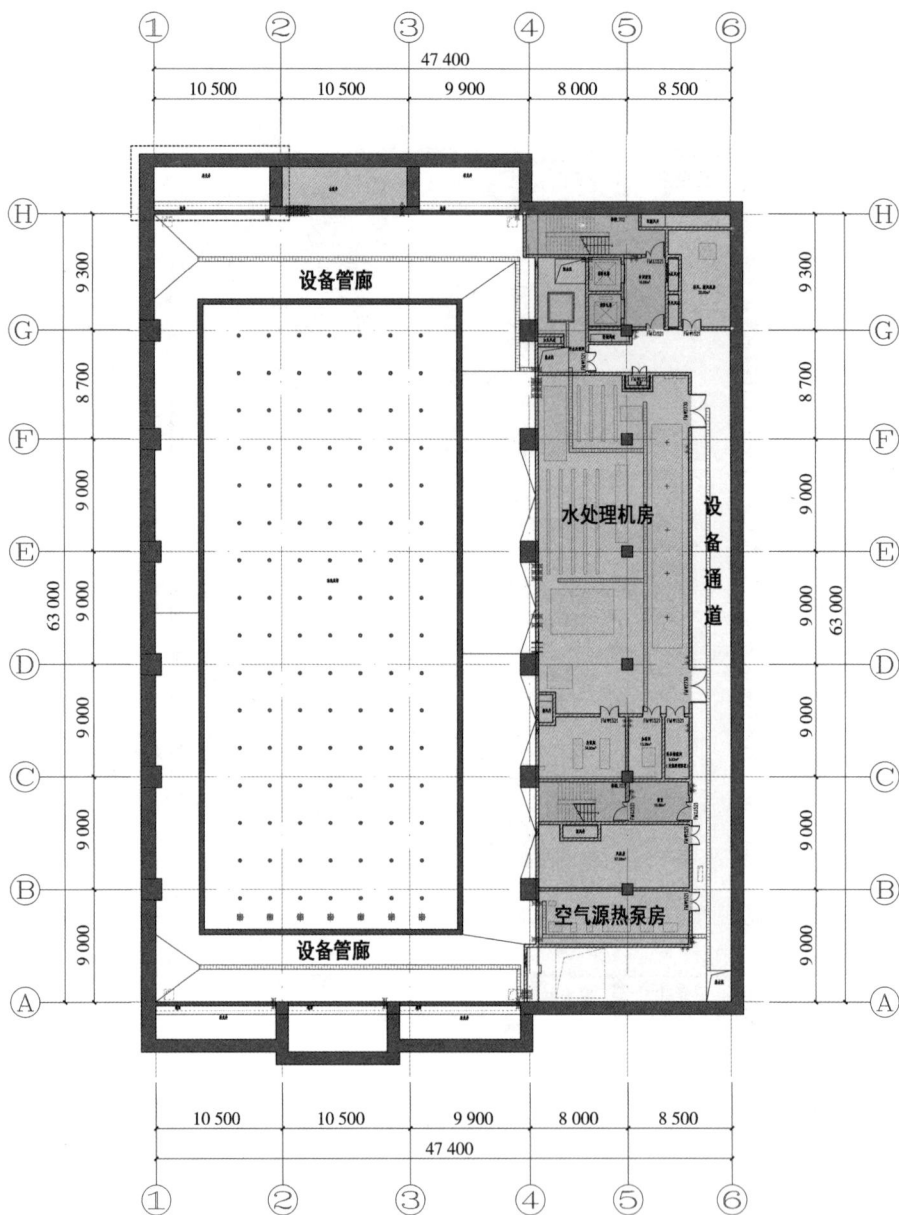

图 6-40 游泳馆地下三层平面图（单位：mm）

（五）剖面设计

无采光天窗部分地面为种植屋面，覆土厚度为 1 m。泳池区层高为 9 m，室内净高为 7 m，池深为 2 m。配套服务区地下一层层高为 5 m，地下二层层高为 4 m，地下三层层高为 5 m。剖面图如图 6-41 所示。

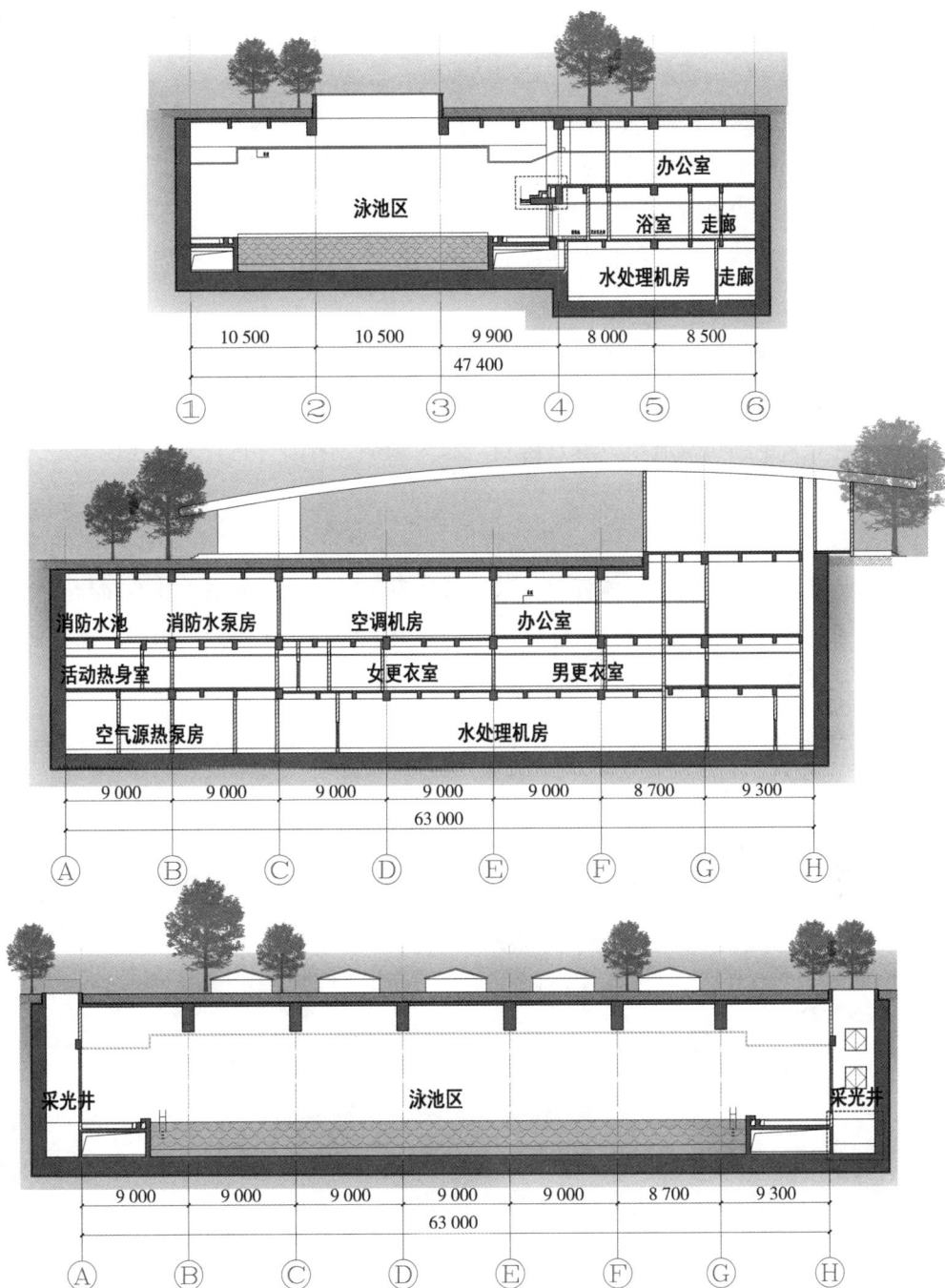

图 6-41　游泳馆剖面图（高程单位：m，尺寸单位：mm）

（六）消防设计

（1）泳池设四个防火分区，每个防火分区设两部防烟楼梯间用于人员疏散。

（2）不同防火分区之间设不低于 1.5 h 楼板和不低于 3 h 防火墙，用特级防火卷帘门进行分隔。

（3）泳池设一处消防水泵房和一处消防水池，地面一层设消控室。

（4）泳池设有水喷淋。

（5）楼梯间和前室设具备通道锁、闭门器、顺位器的乙级防火门，设备房间设具备闭门器和顺位器的甲级防火门。

（6）管线穿过防火墙、楼板及防火分隔时，采用非燃材料将管道周围的空隙填塞密实。

（7）所有装修材料均按一级防火要求控制。

（七）立面设计

该建筑取义于船帆及海浪，取自诗句"长风破浪会有时，直挂云帆济沧海"，象征勇往直前、拼搏无限的体育精神。

泳池门厅及疏散口均采用玻璃幕墙饰面，增加建筑的通透性，减少建筑的体量感，玻璃颜色采用灰色调，与体育馆一致。其建筑轮廓以曲线为主，并增加与主体育馆相同的细节设计，使形体造型与体育馆更加和谐。同时，泳池天窗采用正圆形曲面玻璃钢。立面设计图如图6-42所示。

图 6-42 游泳馆主出入口视角

（八）无障碍设计

（1）无障碍电梯：游泳馆内设两部无障碍电梯，直通地上一层及地下一层和二层。其设定符合《无障碍设计规范》（GB 50763—2012）的相关规定，并设事故电话。

（2）无障碍卫生间：游泳馆内部设无障碍卫生间，内部设无障碍便器、洗手池及淋浴设备。

二、结构项目

（一）设计原则

（1）结构设计以"结构为建筑使用功能服务"为原则，满足城市规划、建筑方案、设备安装、环境保护、防水、防火、防腐、抗震等方面要求，并与通风、消防、供电等专业相协调。

（2）结构设计应根据地下游泳馆的受力特点，遵循"传力明确、受力合理、安全可靠、经济合理"的原则，充分考虑功能要求、荷载特性、工期等因素，并充分考虑项目所在场地的水文地质条件、环境条件，合理选择便于施工、养护、维修的结构形式和施工方案。

（3）结构抗震设防烈度为 7 度，设防分类为重点设防类，结构按 8 度抗震设防要求采取抗震构造措施。

（4）结构的净空尺寸应满足建筑、限界、设备等专业的要求，并考虑施工误差、测量误差、结构变形及后期沉降的影响。

（5）应对结构下卧地基进行地基承载力、地基变形和稳定性验算，并采取合理措施进行地基处理。

（6）根据基坑不同区段的开挖深度、周边环境与地质条件，分段采用合理的围护体系。基坑安全等级为二级。围护结构的设计按施工阶段最不利的荷载组合进行强度、变形及稳定性计算。

（7）防水设计应满足《地下工程防水技术规范》（GB 50108—2008）的有关规定，遵循"以防为主、多道防线、刚柔结合、因地制宜、综合治理"的原则，以结构自防水为主，附加防水层为辅，处理好变形缝、施工缝等薄弱部位的防水。

（8）充分协调基坑施工与周边地块开发的关系，优化基坑围护和内部结构实施方案，减少施工中和建成后对环境造成的不利影响。

（二）设计标准

（1）该项目设计使用年限：50 年；结构安全等级：二级；重要性系数：1。

（2）裂缝控制等级：三级；最大裂缝宽度限值：0.2 mm。

（3）地下结构防水设计等级：二级。

（4）地基基础设计等级：甲级。

（5）建筑耐火等级：地下一级，地上一级；防火墙耐火极限：3 h。

（6）构筑物抗浮安全系数：$K_f \geqslant 1.05$。

（7）风载：该区域基本风压：0.60 kN/m^2。

（8）雪载：该区域基本雪压：0.20 kN/m^2。

（9）基坑安全等级：二级。

（三）主体结构设计

该项目游泳馆主体采用钢筋混凝土框架结构，外墙采用钢筋混凝土墙，框架的抗震等级按二级考虑。游泳馆顶板采用型钢混凝土梁结构。其基础采用筏板基础，抗浮措施考虑采用抗拔桩。

（四）基坑围护结构设计

围护结构是地下结构设计的重点之一。该项目基坑拟采用明挖法施工，基坑周长为 250 m，开挖深度为 15.1～16.3 m，须控制基坑开挖引起的坡顶沉降和位移，保证施工安全。同时，应进行专门的基坑支护，其支护型式的选择首先应具有施工的可行性，应能满足周边环境所确定的基坑安全系数对基坑坡顶水平位移和地表沉降的限制要求。在满足上述要求的前提下，依据场地项目地质及水文地质条件、环境情况、开挖深度、施工方法、工期、项目造价、地区常用的围护结构形式做综合的技术经济比较后，确定最终的支护结构形式。

针对游泳馆项目所处场地地质条件和水文地质条件、基坑开挖深度、周边环境、地下水埋深等，考虑基坑东侧临近体育场主场馆、基坑北侧临近地铁隧道、基坑西侧临近岔河，周边环境复杂，需严格控制基坑坡顶的水平位移和沉降。游泳馆的围护结构推荐采用钻孔灌注桩＋锚杆的支护形式，锚杆避开体育馆支撑桁架桩基础及承台，桩基础两侧的锚杆采用压力型锚杆，避免影响体育馆支撑桁架桩基础。地下水处理措施则采用桩间咬合桩（高压旋喷桩止水帷幕）止水，基坑内布置降水井，基坑外布置回灌井，保证基坑周边建筑物及地下管线的安全。周围设置围护断面示意如图 6-43 所示。

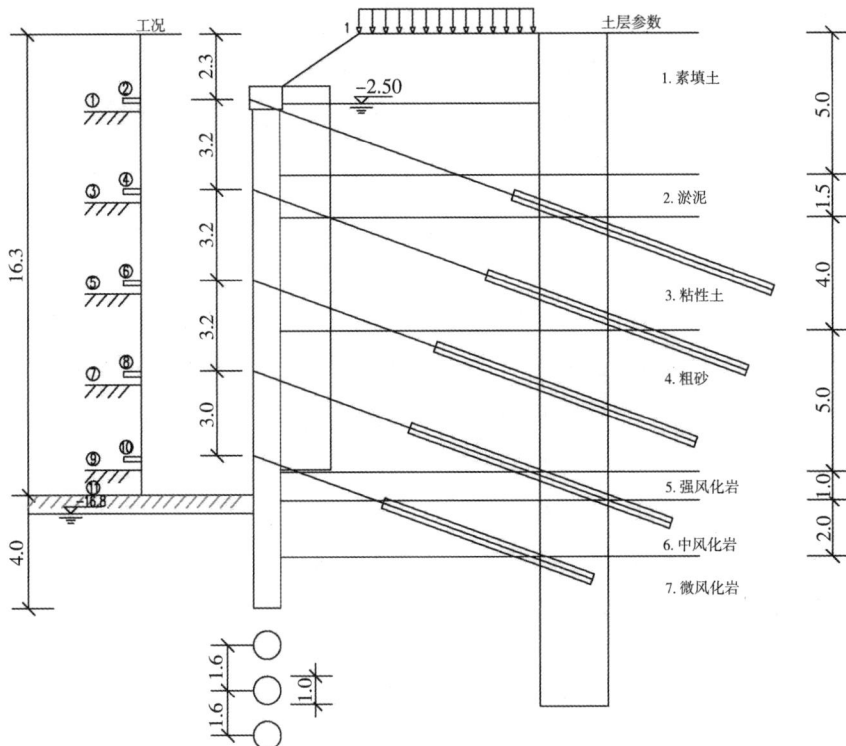

图 6-43 支护结构剖面示意图（单位: m）

（五）项目材料

（1）混凝土。

主体结构: C40P8 混凝土。

钻孔灌注桩: C30 混凝土。

网喷: C20 混凝土。

素混凝土垫层: C20 混凝土。

（2）钢筋。

HPB300 级: fy = fy' = 300 MPa。

HRB400 级: fy = fy' = 360 MPa。

（3）钢材。

Q235B 级钢、Q355B 级钢。

（六）防水设计

1.防水设计原则及标准

（1）防水设计原则。结构防水设计遵循"以防为主、刚柔相济、因地制宜、综合治理"的原则，保证结构物和营运设备的正常使用和行车安全。防水以混凝土结构自防水为根本，以接缝防水为重点，辅之附加防水层加强防水。

（2）防水设计标准。防水等级按二级的要求设计，结构不允许漏水，表面可有少量湿渍。结构内表面湿渍面积≤总内表面积的 2‰，任意 $100 \mathrm{~m}^2$ 内的湿渍 ≤ 3 点，单一湿渍的最大面积不大于 $0.2 \mathrm{~m}^2$。

2. 防水技术措施

（1）混凝土结构自防水。采用添加优质粉煤灰、矿渣微粉等的复合超细矿物掺合料以及有补偿收缩功能的膨胀防水剂、高效减水剂，采取控制胶凝材料用量、水胶比、混凝土中的含碱量、胶凝材料中的氯离子含量、加强养护等措施，来确保结构混凝土自防水性能。

（2）施工缝防水。采用钢板止水带与遇水膨胀密封胶相结合的方式，接缝面涂抹能使裂缝产生结晶自闭功效的水泥基渗透结晶防水涂料。

（3）防水层。根据《地下工程防水技术规范》（GB 50108—2008）相关要求，车库主体在采用防水混凝土外，结合该项目地质与水文地质条件和地区经验，采用全包防水，即在底板、顶板、侧墙迎水面采用用于潮湿面施工的涂料或卷材作为防水层，并于其上做好防水层的保护层。变形缝处、结构阴阳角处的防水层需做特殊加强处理。

三、通风项目

（一）项目概况

该项目位于长江西路与江山南路交叉口东南象限地块，中国石油大学（华东）用地范围内，利用岔河桥东侧沿街绿地和校园内停车用地，在现状体育馆西侧配建地下游泳馆。

游泳馆总建筑面积为 $6\,000 \mathrm{~m}^2$，占地面积为 $3\,300 \mathrm{~m}^2$，为特小型，地上一层，地下三层，泳池区域层高为 11.7 m，建筑防火分类为单、多层民用建筑。其主要功能包括泳池区域、办公用房，附属设备用房等。

（二）设计内容

1. 本次（阶段）设计包括的设计内容

空调系统设计，供暖系统设计，通风系统设计，防排烟系统设计。

2. 本次（阶段）设计不包括的设计内容

二次装修：本阶段尚未进行二次装修设计；与装修区域相关的管道布置、风口类型及布置仅供装修设计参考，不作为施工和订货依据。如果二次装修设计涉及房间的功能、分隔及吊顶变化，则应做相应修改。

多联机空调系统：多联机空调系统冷媒管在本次设计中只示意其连接方式及管道走向，需待多联机产品招标确定后，由中标单位对产品进行深化设计后再行安装。

（三）空调设计

1. 主要房间室内设计参数

表6-15 主要房间室内设计参数

房间名称	夏季		冬季		人员卫生要求最小新风量（m³/h.p）	空气中含尘浓度（mg/m³）	噪声标准dB（A）
	温度（℃）	相对湿度（%）	温度（℃）	相对湿度（%）			
泳池区	28	70	28	70	计算确定	≤0.15	≤50
办公	26	60	20	30	30	≤0.15	≤45
办公	26	60	20	30	30	≤0.15	≤45

该项目冷热源采用空气源，游泳池区域及周边设置三集一体除湿热泵空调机组加地板辐射供暖（由空气源热泵提供热源），办公及附属房间设置多联机。

2. 分体空调

按弱电专业、强电专业业主的要求，弱电机房按弱电专业要求采用无人值守机房专用空调。

3. 各区域空调末端系统形式及气流组织方式

根据游泳馆的使用性质、空间关系，各区域空调末端采用不同的形式。

（1）游泳池厅。根据设计要求，游泳池厅区域设置三集一体泳池除湿热泵机组，承担池区的全部湿负荷和显热负荷。其气流组织主要为侧送下回，池区周边均设地板辐射供暖系统。

（2）办公区域、更衣室及公共区域。办公区域、更衣室及公共区域均采用多联机加独立新风系统的形式，气流组织顶送顶回，更衣室增设地板辐射供暖系统。消防控制室、值班室根据使用要求独立设置分体式空调机组，以便独立地灵活运行。

4. 地板辐射供暖水系统

该项目辐射供暖热源由空气源热泵系统提供，空气源热泵机房设置在地下负三层，空气源热泵外机设置于建筑室外北向。空气源热泵提供的地板辐射供暖热水供回水温度为45/40℃，采用异程式系统。

（四）通风设计

通风系统按防火分区／防火控制区独立设置，每个防火分区内的通风系统按不同使用性质分设，并根据建筑情况采用机械通风的方式。

（1）游泳池厅区机械排风系统，利用三集一体热泵除湿空调机组，将排风进行热回收后再排放。

（2）强弱电间设置机械排风、送风系统，强弱电间的通风系统采用室温控制，当室内温度高于35℃时自动开启送排风机，低于28℃则关闭通风系统。当室外气温较低（如低于20℃）时，可改变控制温度，室内温度高于30℃时则自动开启送排风机，低于24℃关闭通风系统，使电气设备能在更适宜的环境中运行。

（3）水处理机房设置独立的机械排风系统，排风系统兼作有害气体泄漏的事故排风，风机防爆。

（4）水泵房设置机械排风、送风系统。

（5）所有卫生间、淋浴间、更衣室均设置机械排风系统。

（五）暖通消防设计

1. 排烟系统设计

（1）地下面积大于50 m²的无窗房间、不能满足自然排烟的疏散走道等区域设置机械排烟系统。当空间净高≤3 m，按最大防烟分区不大于500 m²及长边最大长度≤24 m划分防烟分区；当3 m＜空间净高≤6.0 m时，按最大防烟分区不大于1 000 m²及长边最大长度≤36 m划分防烟分区；当走道宽度≤2.5 m，其防烟分区长边长度≤60 m。当机械排烟系统负担相同净高场所时，对于建筑空间净高≤6 m的场所，当机械排烟系统负担1个防烟分区时，系统计算排烟量按防烟分区面积乘以60 m³/（m²·h）计算，且取值不小于15 000 m³/h；当机械排烟系统担负2个及2个以上防烟分区时，系统计算排烟量按同一防火分区中任意两个相邻防烟分区的排烟量之和的最大值计算；对于建筑空间净高大于6 m的场所，当机械排烟系统负担1个防烟分区时，系统计算排烟量按场所内的热释放速率计算确定，且不应小于《建筑防烟排烟系统技术标准》（GB 51251—2023）中的值；当机械排烟系统担负2个及2个以上防烟分区时，系统计算排烟量时按排烟量最大的一个防烟分区的排烟量计算。当机械排烟系统负担不同净高场所时，应采用上述方法对系统中每个场所所需的排烟量进行计算，并取其中的最大值作为系统排烟量。防烟分区内任一点与最近的排烟口之间的水平距离小于30 m。排烟口均设置在储烟仓内。

（2）根据建筑防火等级划分设置防烟分区。泳池区域根据建筑划分不计防火分区面积，该区域不考虑排烟，泳池周边走道区域则利用电动挡烟垂壁将该区域与泳池区域划分开，该区域共划分为 6 个防烟分区，设计清晰高度为 4 m，最小清晰高度为 2.2 m，设置机械排烟、机械补风系统。

（3）空调机房、通风机房、水泵房、卫生间未设置排烟设施。

2. 防烟系统设计

（1）该项目所有防烟楼梯间及其前室应满足《建筑防烟排烟系统技术标准》（GB 51251—2017）的规定，故仅在楼梯间设机械加压送风系统。加压送风机设置在加压送风机房，系统风量按《建筑防烟排烟系统技术标准》（GB 51251—2017）相关规定计算。机械加压送风系统风机采用轴流风机。

（2）设置机械加压送风系统的楼梯间时，应设置固定窗。

（3）补风系统优先采用疏散外门、手动或自动可开启外窗等自然进风方式，不能自然补风的区域同时设置机械补风系统，补风系统直接从室外引入空气，且补风量不小于排烟量的 50%。补风口与排烟口水平距离不小于 5 m。采用外门、外窗自然补风的，自然补风口风速不大于 3 m/s。

（4）排烟风机采用消防高温专用排烟风机，补风风机采用轴流风机，补风系统与排烟系统联动开启或关闭。

3. 防排烟系统控制

（1）防排烟系统控制均按照《建筑防烟排烟系统技术标准》（GB 51251—2017）相关规定设计。机械防排烟系统与火灾自动报警系统联动，联动控制应符合《火灾自动报警系统设计规范》（GB 50116—2013）的有关规定。发生火灾时的基本控制程序为：手动或电信号开启着火防烟分区的排烟阀（口），通过电信号关闭共用管路上平时功能的相关阀件、阀门，无关的空调风机、送风机、排风机停止运行，联动排烟风机、加压送风机运行，有补风系统的区域开启补风机。排烟风机入口处均设置 280℃熔断且能够发出电信号的防火阀。当排烟温度达到 280℃时，关闭排烟风机前的 280℃防火阀，关闭排烟风机（及补风机）。

（2）机械加压送风系统设置泄压装置，当前室与走道的压差值达到 30 Pa、楼梯间与走道间的压差值达到 50 Pa 时，压力传感器连锁旁通管道上的电动风阀开启；当前室与走道之间的压差值达到 25 Pa、楼梯间与走道之间的压差值达到 40 Pa 时，压力传感器连锁旁通管道上的电动风阀关闭。

（3）消防控制设备应显示防烟系统的送风机、阀门等设施的启闭状态；同时，应显示排烟系统的排烟风机、补风机、阀门等设施的启闭状态。

4. 防火及安全措施

（1）发生火灾时，由消控系统控制开启着火区域的防排烟系统，同时关闭该区域的空调通风系统及系统上的防烟防火阀。当烟气温度达到280℃时，除连接首层安全疏散通道的功能房间内的机械排烟系统外，其余机械排烟系统的排烟风机入口处的防火阀熔断并连锁关闭排烟风机（及相应补风机）。

（2）通风、空调系统水平方向均按防火分区独立设置。各层排风、送风支管与竖井（立管）连接处设防火阀，通风、空调系统的风管穿越机房隔断、防火分区、防火隔断及重要房间处均设防火阀。通风、空调风管上的防火阀动作温度为70℃。

（3）防烟系统穿越机房隔断、防火分区、防火隔断及重要房间处均设防火阀；排烟系统穿越机房隔断、防火分区、防火隔断处、一个排烟系统负担多个防烟分区的排烟支管上、垂直风管与每层水平风管交接处的水平管段上、排烟风机入口处，均设置排烟防火阀。

（4）通风、空调系统的风管均采用不燃材料制作，风管的保温材料采用不燃材料，冷媒管、冷凝水管的保温材料采用难燃材料。吊顶内排烟风管的保温材料采用不燃材料。穿过防火墙和变形缝的风管两侧各2 m范围内的管道及其黏结剂材料采用不燃材料。穿越防火隔断处设置防火阀的风管采用防火加强措施。

（5）防排烟系统风管均采用金属管道（含设于土建竖井内的竖向风管），管道设计风速不大于20 m/s，管道厚度按现行国家标准《建筑防烟排烟系统技术标准》（GB 51251—2017）的有关规定执行，管道的耐火极限符合《建筑防烟排烟系统技术标准》（GB 51251—2017）的相关要求。

（6）空调通风系统均按防火分区横向独立设置。

（7）加压送风机、补风机分别设置在专用机房内。

（8）所有用于事故通风的风机均在服务区域的室内外便于操作的地点分别设置手动控制装置。所有防排烟系统、事故排风系统的风机、风管都采用抗震支吊架。

（9）竖向加压送风管应设置于专用管井内。设置在吊顶内的水平加压送风管，耐火极限不低于0.5 h，未设在吊顶内或吊顶通透率大于25%时，水平加压送风管耐火极限不低于1 h。

（10）竖向排烟管道及排风排烟合用管道设置于专用管井内，耐火极限不低于0.5 h。设备用房和汽车库的水平排烟管道及排风排烟合用管道的耐火极限不低于0.5 h，其余的水平排风排烟管道及排风排烟合用管道，耐火极限不低于1 h。

（11）竖向补风管道及送补风合用管道设置于专用管井内，耐火极限不低于0.5 h。除跨越防火分区的管道外，水平补风管道及送补风合用管道耐火极限不低于0.5 h，跨越防火分区的补风管道及送补风合用管道耐火极限不低于1.5 h。当补风管道与其他管道合用管井时，管道的耐火极限不低于1.5 h。

（12）防排烟系统上的柔性短管采用不燃材料制作。

（13）吊顶内排烟管道均采用不燃材料隔热，且距可燃物的间距不小于 150 mm。

（六）节能设计

该项目设计从以下几个方面着手，采取多项节能措施，以期达到节约空调通风系统运行能耗的目的。

（1）空调系统采用全面和优化的自动控制，使空调风系统、水系统能根据室内负荷的变化进行适时调节，减少制冷、制热能耗及系统输配能耗。

（2）空调、通风设备均采用高效节能产品。

（3）通过优化设计，因地制宜地采用适合的通风方式：有自然通风条件的区域采用自然通风，高大空间顶部设电动窗，夏季根据空调负荷情况调整开启数量，利用热压作用自然排风，降低大空间上部温度，减少对空调区域的影响，降低空调区域的冷负荷。采用组合式空调机组以全新风方式运行，顶部或高侧部电动窗作为排风出路（全开），实现复合通风。在满足室内空气品质和热舒适的前提下，利用新风"免费冷量"，减少空调能耗和机械通风能耗。

（4）高大空间采用分层空调，降低能源需求，减少能耗。

（5）合理划分空调、通风系统，以便分区启停、单独调控，降低运行费用。同时，合理进行空调通风机房布点，减小服务半径，减少输配能耗。

（6）空调风系统采用变频控制，减少空气输配能耗。大容量且平时使用的通风系统采用变频技术，减少运行能耗。

（7）所有空调风管、空调水管均按现行《公共建筑节能设计标准》（GB 50189—2015）的要求选择相应保温材料，以减少冷热损失。

四、游泳馆消防、排水设计

根据游泳馆的体积，该地下建筑体积大于 2.5×10^4 m³。其主要设置的消防设施包括消火栓、自喷系统、手提式干粉灭火器。

该项目设计火灾延续时间为 2 h，车库内消防用水量为 40 L/s，自喷用水量为 40 L/s，一次消防用水量为 432 m³。

消防管道内的消防供水压力应保证用水量达到最大时，最不利点水枪充实水柱不应小于 13 m。消火栓栓口处的出水压力超过 0.5 MPa 时，应设置减压设施。

（一）游泳馆内消防设施

游泳馆主要消防设施由消火栓、自喷系统、手提式干粉灭火器、室外消火栓和消防供水管组成。

（1）消火栓。消火栓保护半径按照 25 m 考虑，消火栓箱内应配置 1 支喷嘴口径为 19 mm 的水枪，1 盘长为 25 m、直径为 65 mm 的水带，并宜配置消防软管卷盘。消火栓箱面板应标明"消火栓"字样。消火栓的栓口距地面高度为 1.1 m。

（2）手提式干粉灭火器。每个设置点不应少于 2 具，灭火器为 MF4 型手提式干粉灭火器（8 kg 磷酸铵盐干粉灭火器）。灭火器箱面板标有"灭火器"字样。

（3）游泳馆室外消火栓。游泳馆室外消火栓由校园内原有室外消火栓保护，以配合灭火器和消火栓扑救较大的火灾。

（4）供水管网。其管网形式为环状管网给水系统，由消防管网构成闭合环形、双向供水。管网保持常有水状态，一旦发生火灾，即可投入使用。游泳馆内消防干管采用涂塑钢管，卡箍连接。

（二）游泳馆消防供水系统

（1）消防水源。

游泳馆外敷设有园区供水管网，作为室外消防水源。

游泳馆内消防供水系统由消防水池、消防泵及稳压装置、水泵接合器和供水管网组成。游泳馆室内消防供水系统为临时高压给水系统。

（2）消防水泵接合器。游泳馆的进出口均设置室外消火栓和水泵接合器，以便发生火灾时向给水管网供水，以及消防车向管道供水。

（3）消防泵。消防水池旁设置消防水泵房，在泵房内设置消防水泵两台（一用一备），自喷泵两台（一用一备），扬程应满足最不利点水枪充实水柱不应小于 10 m 的要求，且应满足管道内的消防供水压力在保证用水量达到最大时，最低压力不小于 0.3 MPa。

（三）游泳馆排水系统

游泳馆排水系统主要包括废水系统和雨水系统。排水采用分流制，废水排入城市污水管道，雨水排入城市雨水管道。

（1）游泳馆废水系统。游泳馆废水系统主要是将游泳馆内消防废水、结构渗入水、冲洗水及管道泄水漏水等通过排水自流到集水池内，通过潜污排水泵提升后排至室外污水检查井。

（2）游泳馆雨水系统。游泳馆雨水系统用于排除车库入口雨水，雨水通过横截沟排入集水池内，通过潜污泵提升后排至室外雨水检查井。

（四）施工说明

1. 管材

1）给水管

（1）室外埋地管采用 PE 管，热熔连接。市政直供给水及加压给水干管及立管采用内衬塑钢管，DN80 及以下时螺纹连接，DN100 及以上时卡箍连接，公称压力为 1 MPa。

（2）给水管与设备、阀门、水表、水嘴等连接时，应采用专用管件。

（3）给水管道必须采用与管材相适应的管件，生活给水系统所涉及的材料必须达到饮用水卫生标准。

2）排水管

（1）污废水重力流排水立管及支管采用机制柔性铸铁管，承插连接。

（2）消防水池溢流管及放空管采用热镀锌钢管，沟槽式卡箍或法兰连接。

（3）压力污水管、压力废水管采用热镀锌钢管，DN＞80 时采用沟槽式连接，DN≤80 时采用螺纹连接。

3）消防管

（1）埋地消防管道采用钢丝网骨架塑料复合管，公称压力为 1.6 MPa；室内架空消防管道采用内外壁热镀锌钢管，公称压力为 1.6 MPa。DN＞50 时采用卡箍连接；DN≤50 时采用丝接。

（2）埋地喷淋管道采用钢丝网骨架塑料复合管，公称压力为 1.6 MPa；室内架空自动喷淋管道采用内外热镀锌钢管，公称压力为 1.6 MPa。DN＞50 时采用卡箍连接；DN≤50 时采用丝接。

（3）管材需经国家固定灭火系统和耐火构件质量监督检验合格。

2. 阀门及附件

1）阀门

（1）生活给水管管径≤50 mm 时，采用铜质截止阀；管径＞50 mm 时，采用铜芯不锈钢闸阀。

（2）消火栓系统采用 DKM73H 对夹式蝶阀，公称压力为 1.6 MPa；不带信号装置的阀门要求有明显的启闭标识（置于常开状态）及阀位锁定功能。

（3）自喷系统连接报警阀的控制阀均采用带信号装置的铜芯蝶阀，其他采用 1.6 MPa 工作压力的专用蝶阀，带有明显的启闭标识（置于常开状态）及阀位锁定功能。

（4）稳压泵吸水管应设置明杆闸阀，出水管应设置消声止回阀和明杆闸阀。

（5）消防水泵吸水管上采用球墨铸铁明杆闸阀，工作压力为 1 MPa；出水管上采用 HH44H 微阻缓闭止回阀，公称压力为 1.6 MPa。

（6）压力排水管上的阀门采用铜芯球墨铸铁外壳闸阀，止回阀采用污水专用无堵塞球形止回阀，工作压力为 1 MPa。

2）附件

（1）严禁使用钟罩式地漏，地漏及洁具存水弯水封高度不小于 50 mm。车库地面排水地漏采用铸铁直通型。

（2）地面清扫口采用铜制品，清扫口表面与地面平。当排水管 DN < 100 时，清扫口尺寸同管道管径；当排水管 DN ≥ 100 时，清扫口直径为 100。

（3）给水配件均采用节水型产品，不得采用淘汰产品。

（4）排水立管检查口距地面或楼板面的距离为 1 m。

3. 管道敷设

（1）排水管穿楼板应预留孔洞，管道安装完后将孔洞严密捣实，立管周围应设高出楼板面设计标高 10 ～ 20 mm 的阻水圈。穿越楼板及不同防火分区的塑料排水管应安装阻火圈。排水管道不得穿越伸缩缝、变形缝。

（2）管道穿钢筋混凝土墙和楼板、梁时，应配合土建工种预留孔洞或预埋套管。消防及给排水管道穿越楼板、室内防火墙、防火分隔墙、结构梁处预留国标镀锌钢套管，套管缝隙之间，应采用阻燃密实材料和防水油膏填实，应遵循《建筑防火封堵应用技术规程》（CECS 154—2003）和《防火封堵材料》（GB 23864—2023）等标准规范。

4. 管道坡度

（1）排水支管均按通用坡度 i=0.026 敷设，横干管及出户管按照以下坡度安装：DN100，i=0.02；DN150，i=0.01。

（2）给水管、消防给水管均按 0.002 的坡度坡向立管或安装泄水装置。通气管以 0.01 的上升坡度坡向通气立管。

5. 管道支架

（1）管道支架或管卡应固定在楼板或承重结构上；水泵房内采用减震吊架及支架；立管每层距地面 1.5 m 高度处安装一个固定管卡，其上每 2 m 垂直距离处安装一个固定管卡。

（2）钢管水平安装支架间距，按《建筑给水排水及采暖工程施工质量验收规范》（GB 50242—2002）的规定施工；其他管道支架间距按相应技术规程执行。管道连接处、变线处、管线终端、穿墙处及设有阀件处的两端均须增设支架。

（3）支吊架焊接应采用角焊缝满焊，焊缝高度应与较薄焊件厚度相同，焊缝饱满、均匀，不应出现漏焊、夹渣、裂纹等现象。吊杆与吊架根部焊接时，焊接长度应大于6倍的吊杆直径。支架在制作完毕后均须进行热浸镀锌处理，热镀锌层厚度不小于45 μm，表面处理应符合《金属覆盖层 钢铁制件热浸镀锌层 技术要求及试验方法》（GB/T 13912—2020）标准要求。管道支吊架按照防震要求设置，在管卡部位的管道周围衬垫5 mm厚的橡胶层，以保护管道和防止电化学腐蚀。

6. 固定件

排水管上的吊钩或卡箍应固定在承重结构上，固定件间距：横管不得大于2 m，立管不得大于3 m，层高小于或等于4 m，立管中部可安一个固定件。自动喷水管道的吊架与喷头之间的距离不小于300 mm，距末端喷头距离不大于750 mm，吊架应位于相邻喷头间的管段上，当喷头间距不大于3.6 m时可设一个，小于1.8 m时允许隔段设置。

7. 管道连接

（1）污水立管偏置时，应采用乙字管或2个45°弯头。乙字弯上部应设检查口。

（2）污水立管与横管及排出管连接时应采用2个45°弯头，且立管底部弯管处应设支墩。

（3）自动喷水灭火系统管道变径时，应采用异径管连接，不得采用补芯。

（4）阀门安装时应将手柄留在易于操作处。安装在管井、吊顶内的管道，凡设阀门及检查口的，均应设检修门。

（5）管道安装过程中，如遇有与其他管道或梁柱相碰的，可根据现场情况做适当调整，调整原则是"有压让无压，小管让大管"。

五、建筑电气项目

（一）电气设计范围

（1）供配电系统。

（2）动力及照明系统。

（3）防雷与接地系统。

（4）电缆的选型及敷设。

（5）火灾自动报警系统。

（6）信息网络系统。

（7）安全防范系统。

（8）建筑设备监控系统。

（9）公共广播及场地扩声系统。

（10）电气节能设计。

（11）建筑电气抗震设计。

（二）供配电系统

（1）该项目为小型游泳场馆，按丙级体育建筑设计，馆内消防设备、广播及扩声设备、安防设备、污水泵均为二级负荷，其余为三级负荷。其总负荷容量为 650 kW，其中二级负荷容量为 80 kW。

（2）该项目设置 1 座配电室，各动力照明设备电源引自附近体育馆变配电室，经落实，体育馆内变压器容量及备用断路器数量满足该项目需要。二级负荷采用双回路供电，消防负荷采用双电源末端进行切换。

（三）动力及照明系统

（1）该项目普通照明用电电压为 220 V，灯具采用 I 类灯具，采用 LED 光源，功率因数不低于 0.9，灯具效率不宜低于 90%。

（2）应急照明采用集中电源系统。应急照明灯具和疏散指示灯具均为 A 类灯具，照度不低于 5 lx，持续供电时间不少于 40 min。在有人值班场所应设置备用照明，备用照明照度应与正常照明一致，持续供电时间不少于 180 min。

（3）照明、插座由不同的支路供电，插座回路均设漏电断路器保护。

（4）泳池内灯具采用智能控制系统。其余场所照明灯具采用分散集中控制，以达到节能目的。

（5）泳池区域照度不低于 300 lx。其余各类房间照度标准和单位面积功率密度满足《建筑照明设计标准》（GB/T 50034—2024）的要求。

（6）该项目供电方式采用放射式供电。消防负荷末端设置双电源切换箱，其余负荷单电源供电。

（7）电动机功率小于 30 kW 的，均采用直接启动方式。高于 30kW 的，根据需求合理选择启动方式，消防设备功率大于 30 kW 的，采用星三角或自耦降压启动。

（四）防雷与接地系统

（1）该项目地面建筑物达不到三类防雷设防标准，建筑顶部不设屋顶接闪装置。

（2）该项目接地型式采用 TN-S 系统。建筑物内设备、管道、构架等金属物，就近接至接地装置；在强电电源进线箱附近设置总等电位连接箱 MEB。泳池区域设置等电位连接。

（3）优先利用基础内钢筋作为接地干线。实测不满足要求时，应增设人工接地极。建筑物电子信息系统的雷电防护等级为 C 级。防雷设计包括防雷电感应和预防雷击电磁脉冲侵入的功能，并设置等电位连接。

（五）电缆的选型及敷设

该项目非消防低压干线明敷选用 WDZB-YJY-0.6/1 kV 型低烟无卤阻燃电力电缆，支线选用 WDZB-BYJ-450/750 V 型低烟无卤阻燃电线。消防低压干线选用 WDZBN-YJY-0.6/1 kV 型阻燃耐火电力电缆，消防低压支线选用 WDZBN-BYJ-450/750 V 型阻燃耐火电力电线。

主电缆均穿桥架敷设，其余电缆穿热镀锌焊接钢管沿墙暗敷。

（六）火灾自动报警系统

该项目采用集中报警系统，在一层设消防控制室，并设门直通室外。

系统组成：火灾探测报警系统，消防联动控制系统，防火门监控系统，电气火灾监控系统，消防设备电源监控系统。

消防控制室：① 该项目消防控制室设在一层。② 消防控制室内设置的消防设备应包括火灾报警控制器、消防联动控制器、消防控制室图形显示装置、消防专用电话总机、消防应急广播控制装置、消防应急照明和疏散指示系统控制装置、消防电源监控器等设备，或具有相应功能的组合设备。消防控制室内设置的消防控制室图形显示装置应能显示场馆内设置的全部消防系统及相关设备的动态信息和相关规定的消防安全管理信息，并应为远程监控系统预留接口，使其具有向远程监控系统传输有关信息的功能。③ 消防控制室可接收感烟、感温等探测器的火灾报警信号及水流指示器、信号阀、压力开关、手动报警按钮、消火栓按钮、电气火灾的动作信号。④ 消防控制室可显示消防水池、消防水箱的报警水位，显示消防水泵的电源及运行状况。⑤ 消防控制室设有用于火灾报警的外线电话。⑥ 消防控制室可联动控制所有与消防有关的设备。

（1）火灾探测报警系统：① 任一台火灾报警控制器所连接的火灾探测器、手动火灾报警按钮和模块等设备总数和地址总数均不超过 3 200 点；任一台消防联动控制器地址总数或火灾报警控制器（联动型）所控制的各类模块总数之和不超过 1 600 点。系统总线上设置总线短路隔离器。② 探测器：各类房间等处设置感烟探测器；大空间的火灾报警探测方式采用红外对射探测方式。每个防火分区按要求设置手动报警按钮、声光报警器及消防对讲电话插孔。在消火栓箱内设置消火栓报警按钮。

（2）消防联动控制系统。消防联动控制系统能按设定的控制逻辑向各相关的受控设备发出联动控制信号，并接收相关设备的联动反馈信号。消防水泵、防烟和排烟风机的控制设备除采用联动控制方式外，还应在消防控制室设置手动直接控制装置。需要火灾自动报警系统联动控制的消防设备，其联动触发信号应采用两个独立的报警触发装置报警信号的"与"逻辑组合。

消防联动控制有消火栓系统的联动控制、自动喷水灭火系统的联动控制、防火门的联动控制、电梯的联动控制、火灾警报和消防应急广播系统的联动控制、消防应急照明和疏散指示系统的联动控制、非消防电源切非、安防系统的联动控制等。

消防专用电话系统。消防专用电话网络为独立的消防通信系统。消防控制室设置消防专用电话总机。电话分机或电话插孔设置在消防水泵房、变配电室、网络机房、灭火控制系统操作装置处或控制室、消防值班室,其他与消防联动控制有关的且经常有人值班的机房均设置消防专用电话分机。消防专用电话分机固定安装在明显且便于使用的部位,需有区别于普通电话的标识。

(3)防火门监控系统。防火门监控系统设置在消防控制室内。其余疏散走道上的常闭防火门均设置防火监控装置。

(4)电气火灾监控系统。电气火灾监控系统设置在消防控制室,电气火灾监控器的报警信息和故障信息均应在消防控制室图形显示装置或集中火灾报警控制器上显示;该类信息与火灾报警信息的显示应有区别。

(5)消防设备电源监控系统。该系统由监控主机、中继器、监控模块和传输缆线组成。监控主机设在消防控制室,对所监测的消防设备电源的运行信息、故障信息、位置信息等参数进行跟踪采集、存储、分析,方便用户进行管理和监控。通过人机交互界面,将消防设备电源监控系统的数据汇总显示,做到提前发现电源隐患,提示维护人员尽早维修,从而确保消防设备在火灾情况下的正常运转。

电源及接地。消防用电设备采用双路电源供电并在末端设自动切换装置。消防控制室设备除双电源末端切换供电外,设备自带蓄电池作为直流备用电源。

消防系统线路敷设要求。火灾自动报警系统的供电线路、消防联动控制线路均采用耐火铜芯电线电缆,报警总线、消防应急广播和消防专用电话等传输线路均采用阻燃或阻燃耐火电线电缆。不同电压等级的线缆不应穿入同一根保护管内,当合用同一线槽时,线槽内应有隔板分隔。

(七)信息网络系统

在办公室等人员活动区域设置信息及网络插座,在馆内弱电间内设置综合布线箱,满足信息接入的需求。数据由光纤引入,引自中国石油大学(华东)内总弱电机房。

(八)安全防范系统

1. 视频安防监控系统

视频安防监控系统的设置旨在对人员的行为进行记录,为安全防范、运营管理提

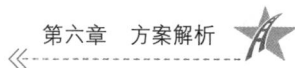

供可靠的视频依据。

该系统包括前端设备、传输设备、处理/控制设备、记录/显示设备。

前端设备选用网络红外枪式摄像机，进行无死角监控，摄像机分辨率不低于1080P。传输设备采用以太网，通过光纤、网线进行传输。处理/控制设备采用单独设置的视频监控服务器，可以对全场摄像机进行网络化管理。在监控室内设置NVR作为视频存储设备，存储天数为30 d，并设置拼接显示屏幕。

2. 出入口控制系统

在内部办公用房、配电室、弱电机房、消防控制室等部位设置门禁，作为出入口控制系统。设防区域通过对象及时间等进行授权、实时和多级程序控制，系统具备报警功能。

该系统除了在设防区域门口加装控制器、电磁门锁、读卡器等设施外，还应在监控室设置门禁主机，实现对门禁系统的统一管理，同时具备报警、实时控制、撤设防等功能。

（九）建筑设备监控系统

建筑设备监控系统是运用自动化仪表、计算机过程控制和网络通信技术，对建筑物的环境参数和建筑物机电设备运行状态进行自动化检测、监视、优化控制及管理。

该系统由监控计算机、现场控制器、仪表和通信网络组成。监控计算机设置在监控室内，负责对系统中设备的运行状态进行参数的汇集，以及记录、存储、查询历史运行数据，并出具相关报表。现场控制器则包括各类仪表的控制主机、控制器等。仪表主要为配电室的智能电表、各类非消防风机的远程BAS控制点、水泵、热泵、空调机组等。通信网络采用以太网、总线等组网方式，实现快速、高效的信息传递。

（十）公共广播及场地扩声系统

在公共区域设置业务性广播系统，满足日常引导、告知、宣传等用途。在游泳区设置独立的语言兼音乐扩声系统，不低于二级扩声指标的要求。

广播系统、扩声系统与消防广播合用。处于消防状态时，由消防控制室切换馈送线路，使业务性广播强制切换至火灾应急广播状态。

（十一）电气节能设计

（1）该项目的照明采用高效光源、高效灯具，LED灯具的效能不低于90%。其所采用的灯具功率因数均要大于0.9。

（2）通过负荷计算，合理选择电线电缆的截面，达到节能的目的。电动机采用高效节能产品，其能效应符合《电动机能效限定值及能效等级》（GB 18613—2020）的规定。

（十二）建筑电气抗震设计

（1）该项目抗震设防烈度为7度，需做电气抗震设计。

（2）地震时，应保证正常人流疏散所需的应急照明及相关设备的供电。地震时，应保证火灾自动报警及联动系统的正常工作，保证通信设备电源的供给以及通信设备的正常工作。

（3）配电箱（柜）、通信设备的安装，配电导体，电气管路敷设均应符合《建筑机电工程抗震设计规范》（GB 50981—2014）的要求。

六、管线项目

（一）说明

（1）地下游泳馆周边存在现状雨水、给水、中水等管线，为满足地下游泳馆的施工要求，本次将影响地下游泳馆施工的雨水管线接至东侧现状雨水管中，将给水管线沿游泳馆外围进行敷设。

（2）对地下游泳馆配套给排水、电力、通信等专业管线。

（二）管材、管基及附属设施情况

本次地下游泳馆管迁及新建管线管材、管基及附属设施同地上相关管线及专业管材。

七、景观项目

（一）设计范围及内容

景观设计范围位于长江西路与江山南路交叉口东南中国石油大学（华东）体育馆旁，设计面积为 3 752 m²，设计内容包括景观绿化、种植设计、竖向设计、设施设计等。

（二）具体设计

对地下游泳馆施工破坏的绿化进行恢复，设计采用群落式种植手法，整体种植风格舒朗、大气。上层布置树形优美的大乔木形成丰富的绿化层次，整齐且规整有致。在树种选择上以观赏性树种为主，适当增加常绿树种，以弥补冬景的单调和萧条，同时注意季节、色彩、开花树种的搭配。中层适当增加樱花、西府海棠等开花乔木及红枫等色叶乔木。下层以大色块、大流线的灌木绿篱为主，结合多样的地被草坪，形成富有层次感和韵律感的绿地景观。

图 6-44　景观绿化效果图

（三）专项设计

1. 苗木迁移

对位于施工范围内的苗木进行迁移，乔木迁移约 250 株，灌木迁移约 200 株。

2. 种植设计

色彩和季相植物的干、叶、花、果色彩十分丰富。可运用单色表现、多色配合、对比色处理以及色调和色度逐层过渡等不同的配置方式，实现园林景物色彩构图。同时，将叶色、花色进行分级，有助于组织优美的植物色彩构图，打造春花浪漫、夏荫浓郁、秋色绚丽、冬景苍翠的靓丽景观。

春季景观以粉色系及白色系花乔木及灌木构成的带状绿化为主。其主要植物选择为白玉兰、榆叶梅、垂丝海棠、碧桃、樱花、紫荆、粉花绣线菊等。

夏季景观以阔叶大乔木搭配宿根花卉为主。其主要植物包括石榴、木槿、紫薇、杜鹃、华北珍珠梅等。

秋季景观以黄色系及红色系色叶乔木栽植为主，搭配色叶灌木。其主要植物选择银杏、黄山栾、黄金槐、榉树、红枫、南天竹、红瑞木等。

冬季景观以常绿针叶树种及观枝树种为主。其主要植物选择黑松、雪松、蜡梅、五叶地锦、紫鹃等。

3. 竖向设计

本次景观设计以植物种植设计为主，因此绿化地形设计得是否到位，直接关系着该项目后期植物生长状况以及最终的绿化景观效果。本次设计结合不同植物生长所需的土壤坡度要求、排水要求以及绿带边界情况，科学合理地塑造绿化地形，形成高低起伏、错落有致的微地形，从而加强绿地立面层次的展示，让绿化配置更加突出。

4. 设施设计

本次设计木质与石材相结合的座椅，沿路侧设置5个，垃圾箱设置6个。

5. 苗木表

地下游泳馆苗木表，如表6-16所示。

表6-16　地下游泳馆苗木表

乔灌木						
序号	名称	规格				数量（株）	备注
		胸（地）径（cm）	高度（cm）	冠幅（cm）	枝下高（m）		
1	雪松B	—	600	300	0.5	25	树形美观，裙摆完整（实生苗）
2	造型黑松A	D：15	350	300	1	2	平头 全冠，树形美观、挺拔
3	造型黑松B	D：20	400	350	1	1	平头 全冠，树形美观、挺拔
4	丛生朴树	各分枝7	700	400	—	1	全冠，树形美观、饱满，不少于5分枝
5	五角枫A	15	550	400	3	28	全冠，树形美观、挺拔
6	黄山栾C	15	600	400	3	20	全冠，树形美观、挺拔
7	黄金槐A	10~11	400~450	>250	1.5	24	全冠，树形美观、饱满
8	榉树	19~20	750~800	>500	2.5	6	全冠，树形美观、挺拔
9	绚丽海棠	D：11~12	300~350	250	0.8	17	全冠，树形美观、饱满
10	红枫A	D：9~10	250~300	250	0.8	1	全冠，树形美观、饱满
11	红枫B	D：7~8	200~250	200	0.8	2	全冠，树形美观、饱满
12	大叶黄杨球A	—	180	180	—	1	株形美观、饱满
13	大叶黄杨球B	—	150	150	—	3	株形美观、饱满
14	红叶石楠球B	—	150	150	—	2	株形美观、饱满
15	连翘	—	120	120	—	3	株形美观、饱满
16	景石A	—	—	—	—	5	千层石，1.5 m×1.5 m×1.2 m
17	景石B	—	—	—	—	1	千层石，1.2 m×1.0 m×1.0 m

灌木地被				
序号	名称	规格		备注
		高度（cm）	冠幅（cm）	面积（m²）
1	大叶黄杨	60	35	189	16株/平方米，高度为修剪后，栽植后不露土
2	红叶石楠	60	35	109	16株/平方米，高度为修剪后，栽植后不露土
3	瓜子黄杨	40	25	409	25株/平方米，高度为修剪后，栽植后不露土
4	时令花卉（红）	—	11	133	120株/平方米，按季节更换，一年至少更换四次
5	时令花卉（黄）	—	11	190	120株/平方米，按季节更换，一年至少更换四次
6	时令花卉（粉）	—	11	117	120株/平方米，按季节更换，一年至少更换四次
7	常春藤	藤长＞60	—	1 017	两年生，16株/平方米
8	常绿草坪	—	—	1 588	成品满铺
9	铺装	—	—	6 097	恢复破碎铺装

第七章

≪≪≪ 沿线环境保护措施

道路是国民经济的重要基础设施，修建高等级道路，逐步提高道路网的密度是经济、社会可持续发展的基础。然而，道路建设又是一项对自然生态环境影响较大的开发行为，因此，项目的设计及施工均应采取必要措施，努力减轻道路建设对周边用地的干扰和破坏，实现自然生态的可持续发展。

第一节　扬尘控制措施

（1）围挡、围护对减少扬尘引起的环境污染有明显作用。在施工过程中，作业场地需采取围护措施减少扬尘扩散。在施工现场周围，连续设置不低于 2.5 m 高的围挡，并使之坚固美观。

（2）施工单位应定期对施工场地洒水以减少扬尘量。洒水次数根据天气状况而定，一般每天洒水 1~2 次，大风或干燥天气可适当增加洒水次数。

（3）运输建筑材料及建筑垃圾的车辆需加盖篷布以减少洒落。同时，车辆进出装卸场地时应将轮胎用水冲洗干净。

（4）使用商品混凝土、厂拌水泥稳定碎石等时，不允许现场搅拌；尽量避免在大风天气下进行施工作业。

（5）在施工场地设专人负责弃土、建筑垃圾、建筑材料的处置、清运和堆放，堆放场地应加盖篷布或洒水，防止二次扬尘。

（6）建筑垃圾及弃土应做到及时处理、清运，以减少占地，防止扬尘，改善施工场地的环境。

第二节　施工噪声缓解措施

施工噪声对周边居民影响较大，出于环境保护的需要，建议采取以下措施减小施工噪声对周围环境的影响。

（1）从声源上控制：建设单位在与施工单位签订合同时，应要求其使用的主要机械设备为低噪声机械设备，如用液压机械取代燃油机械。

（2）合理安排施工时间：施工单位应严格遵守相关环境噪声污染防治办法和规定，合理安排好施工时间。

（3）使用商品混凝土：避免在施工场地使用混凝土搅拌机。

（4）采用声屏障措施：在施工场地周围有敏感点的地方设立临时声屏障，以减轻设备噪声对周围环境的影响。

（5）施工场地的施工车辆出入地点应尽量远离敏感点，车辆出入现场时应低速、禁鸣。

（6）建设管理部门应加强对施工场地的噪声管理，施工企业也应加强自律，文明施工。

第三节　固体废物控制

1.固体废物的来源

固体废物主要来源于施工过程中产生的建筑垃圾、弃土，以及施工人员产生的生活垃圾。其中建筑垃圾主要为废弃土石填料和沥青混凝土等。

2.固体废物的处置措施

施工现场产生的固体废物以建筑垃圾为主。大量建筑垃圾及弃土的堆放会影响城市景观，容易引起扬尘等环境问题，因此必须对施工中产生的固体废物及时处理，施工期的建筑垃圾应随时外运，运至建筑垃圾填埋场统一处理。

施工期的生活垃圾量主要是厨余及工人用餐后的废弃饭盒、塑料袋等，如不及时清理，在一定的条件下会滋生蚊虫、产生恶臭、传播疾病。因此，应采取"定点堆放，即产即清"的方法，外运至指定地点消纳，消除影响。

第四节　污水临时排放

施工过程中须对污水采取临时措施有序排放，避免污水冒溢并通过地面径流排放。建议通过设置临时潜污泵，敷设地面临时压力污水管道接入下游现状污水管道，杜绝污水溢流排入雨水管道内造成污染。

第五节　道路设计中保护生物多样性的措施

在道路设计中必须创造条件，改变道路"廊道效应"的影响。例如，修建动物通道、动物桥、动物隔离栅等，创造道路两侧沟通的条件。该项目主要采用设置桥梁、涵洞的方式解决这一问题。道路通过湿地时，应限制车辆运行速度，降低噪声，减少尾气污染。对于影响湿地野生动物栖息的交通噪声，可以设立隔音墙或种植行道树加以防护。

第八章

<<< 项目实施

一、项目筹划

鉴于该项目的建成对青岛西海岸新区海洋高新区北片区的建设发展具有积极的影响，因此建议结合区域开发进程尽快实施。

为保证项目质量及保证一定的建设周期，预计项目建设周期为 12 个月。概略项目进度，如表 8-1 所示。

表 8-1　项目进度计划表

时间	项目进度
2 个月	完成项目前期研究工作
2 个月	完成初步设计、施工图设计、项目招标及拆迁
2 个月	完成路基施工
2 个月	完成地下管线施工
2 个月	完成道路项目、桥梁项目
2 个月	完成景观绿化、路灯、交通及其他附属项目，全线竣工

二、项目施工顺序

施工顺序按先地下后地上的原则进行，平整场地后，进行规划管线的埋设，尽量采用同槽施工，然后修筑路基、路面，最后进行道路附属设施的铺设。

项目路段目前无通路，建议全封闭施工。

第九章

≪≪≪ BIM技术项目

第一节　BIM技术简介

BIM（Building Information Modeling）即建筑信息模型，是以三维数字技术为基础，集成建筑项目各种相关信息的项目数据模型，是对项目设施实体与功能特性的数字化表达。出于对项目的精细化设计追求及对项目全寿命周期管理的需要，BIM 技术是这一领域的重要技术方向。

BIM 设计的基础为三维设计，在整个设计过程中，设计效果均是可视化的。相对于传统二维设计，有两方面的优势：一方面是设计人员与设计内容之间，以及设计内容与周边设施、周边环境之间的交互关系把握更加清晰准确；另一方面是设计方案的表达、沟通更加直观。可视化后其各方案在与地形关系，对周边环境的影响，建设方式的合理性等方面更加直观，同时模型化使各比选项目工作量更加准确，更有利于项目方案的决策。

根据相关要求：在公路初步设计阶段要统筹应用 BIM 技术和 GIS 技术进行方案研究和论证，提高方案比选的全面性和针对性。根据项目特点和相关文件要求，本项目在方案研究阶段开展 BIM 技术应用。

第二节 项目中BIM的应用

一、BIM 应用范围

地上空间构型分析：整合现状建筑物模型与新建地面道路、挡墙、雨棚等构筑物模型，重点分析新建设施对周边建筑的环境影响。

地下空间碰撞检查：复核隧道、地下管线、车库、地下游泳馆及现状建筑物基础等位置关系，避免交叉碰撞。

全专业三维动态展示：完成模型整合后，利用 BIM 技术可视化的特点，向建设单位、校方汇报设计成果，直观、高效地展示项目建设内容，辅助方案的比选，打消校方顾虑；同时，更直观地进行施工交底，指导施工单位现场作业。

施工模拟应用：建立三维场地布置方案，进行场地漫游、设备布置、消防演练模拟等，解决办公场地安全布置、狭小空间材料加工和物资存放排布等问题，提升场地利用率。对施工项目中的基坑支护、盖挖法等施工难点，制作施工工艺模拟动画，进行三维交底，科学指导施工。

二、应用目标

推进 BIM 正向设计，在设计前期实现地质和风险源识别，并通过出入口光线模拟、异形钢结构亮化模拟、绿化效果模拟等，实现多方案可视化比选，从而优化设计方案。

通过 BIM 协同平台，整合各个专业的 BIM 成果，实现多专业协同设计，直观地展示管线与隧道之间、管线与管线之间、管线与建筑基础之间的空间位置关系，发现问题及时调整。

利用 BIM 可视化优势，解决施工方案比选、论证和可行性分析，以及施工场地规划、重难点施工工艺三维交底等难题。

通过 BIM 成果实现密集性汇报，利用 BIM 技术可视化的特点，直观、高效地展示项目建设内容，最终获得相关单位的支持。

通过 BIM 信息化管理，建立业主主导下的基于 BIM 的项目组织结构，实现对项目各参与方的集成管理。通过 BIM 信息化管理实现各主体间的高效协调、沟通以及决策，确保各参与方进行协同管理，提高工作效率。

三、人员组织架构和职责

BIM 项目经理：由建设单位领导担任，主要负责安排项目进度，下达任务，协调沟通各部门。

BIM 标准编制组：由建设单位、设计单位、监理单位、施工单位等共同组成，负责 BIM 模型采用平台及格式的制定。

BIM 正向设计单位：由设计单位各专业设计人员组成，负责 BIM 模型的正向设计。

BIM 全过程咨询单位：由软件厂家组成，负责提供相关技术咨询，并进行二期开发软件应用指导。

BIM 施工应用组：由施工项目部组成，负责施工模型深化、施工方案模拟等施工应用及管理。

BIM 运维部门：由运维管理部门组成，负责项目后期的运维管理。

四、软、硬件配备

1. 软件

SketchUp 2018 单机：建筑方案、日照分析。

FDS 6.7 单机：数值分析、火灾模拟。

路易 2018、2020 协同：道路模型设计。

管立得 2018 协同：管线模型设计。

Vectorworks 单机：渲染、路灯、景观模型。

Rhino 单机：隧道土建、异形体设计。

Revit 2018、2020：结构、建筑、隧道数字模型设计。

鸿城 2020 协同：合模平台。

Lumion 10.0 单机：渲染、路灯、景观模型。

Vectorworks 2020 单机：渲染、路灯、景观模型。

Autoturn 单机：转弯模型设计。

2. 硬件

公司服务器 Dell 高性能服务器：公司文件共享与协同合作。

高配置 BIM 工作站：软件及实时渲染应用。

虚拟现实 VR BOX，微软 HoloLens 2 VR、AR、MR：现实应用。

倾斜摄影采用大疆 m300 rtk 睿铂五镜头：现场环境分析，大场景实景融合。

无人机航拍 2 台大疆 mini2 、大疆御 pro2：分析现场环境，跟进项目建设进度。

第三节　项目成果效益情况

一、助力前期项目分析

该项目位于滨海城市，地质条件复杂，地质较差，层次分隔严重，通过采用三维地质和桩基模型整合的形式进行分析，可直观地实现地质和风险源识别。

二、优化设计，协助方案汇报

完成模型整合后，利用 BIM 技术可视化的特点，直观、高效地展示项目建设内容，更直观地进行施工交底，指导施工单位现场作业，赢得建设单位、校方和施工方的认可。同时，采用建设挡墙、道路转弯半径平纵、附属设备等参数化模型，实现方案的多次快速调整，极大地提高了方案汇报的更新效率。

三、借助 BIM 技术，助力景观方案贯彻"低影响开发"理念，实现对雨水的综合利用

借助 BIM 技术，模拟景观范围地表径流，进而通过设置透水铺装、下凹绿地等，对硬化区域的径流进行渗透、调蓄、净化；设置雨水调蓄池，用以绿地灌溉，实现对雨水的综合利用。同时，合理设置便捷的人行空间、口袋公园、健身广场，做便民休闲之用。

四、完善方案，减少碳排放

借助 BIM 技术对设计方案的优化，从材料选择、能耗计算、多杆合一等方面，在保证设计质量的同时，有效合理地降低了项目建设成本，在一定程度上减少了材料的使用，降低了项目建设过程中的碳排放。

五、提高施工质量和效率，节省投资

在施工阶段，进行 BIM 施工交底，根据人员及车辆路线进行漫游检查，关注净

空检查、碰撞处理、专业协调等问题，提高隧道实施效率和实施精度。同时，使用智慧工地软件进行施工组织模拟，协助施工场地组织、物料准备、人机调配等工作，提高效率、避免浪费。

六、信息化管理

三维数据模拟平台可以实现综合办公、会议管理、三维可视化、安全/质量管理、施工方案、计划管理等功能；可以查看项目基本信息、决策看板。该项目信息包括项目的基本资料、项目团队、项目参与单位、项目形象进度、业务统计等，有助于系统使用者快速了解项目基本情况。

七、智慧化应用

智慧数字化运维管理平台将隧道的机电设备、业务需求、安全防范、通信管理、环境监视、GIS定位系统、视频报警联动、作业人员体征监控等纳入统一平台，利用该平台进行采集、监视、控制、管理等，对各类数据、信息、设备、环境等进行集中监测与控制，实现管控一体化，为隧道的业务管理以及安全应急指挥提供决策依据。

第十章

≪≪≪ 新技术应用及科研项目

针对该项目实施过程中遇到的问题，建议开展相关课题研究。

第一节　货车转弯特性分析

与小客车相比，大型车受本身车辆性能的影响，其转弯所需时间较长，平均转弯时间在12 s以上，且在转弯过程中容易出现牵引车头与车身脱离的情况。因此，在港区信号控制交叉口，左转相位的最短绿灯时间必须大于12 s，保证左转大型车辆能够安全通过交叉口；若右转车流较大需要进行信号控制时，同样也需要考虑右转大型车辆的最短绿灯时间。

另外，在不同道路条件下，不同加长集装箱车辆的实际行驶轨迹的转弯半径差异较大，最大极差达12 m，导致这种差异的因素主要包括车辆本身转弯性能、行驶车速、交通条件。因此，在进行港区交叉口右转车道设计时，应选取标准车型并根据不同的行车速度确定右转缘石曲线半径。

第二节　三维视距分析

视距是指路上标准高度障碍物对标准视线高度的驾驶员连续可见的道路长度，是最重要的道路几何要素之一。视距也是连接道路设计和用户心理、生理特征和驾驶行为的重要桥梁。视距与道路设计的强制标准均有直接或间接的联系。这些强制标准包括设计速度、车道宽度、路肩宽度、隧道宽度、平面线形、立面线形、坡度、停车视距、横坡、超高、横向净空、竖向净空以及结构承载力等。除停车视距外，视距还包括会车视距、超车视距、识别视距和交叉口角视距等。

在交叉口交织和分流区域，道路横断面突变等地点或者平面交叉口等地方，在条件许可时，设计中可以尽量增加视距，如用识别视距取代停车视距，从而为驾驶员提供更大的安全冗余。

第三节　BIM三维快速建模及应用

建筑设计行业的 BIM 应用开展得比较早，在可视设计和关联设计上已经取得了较大进展，基本能够达到 BIM 应用的要求。但在市政基础设施领域，BIM 的相关应用还相对较少，在国内尚处于起步阶段。运用 BIM 理念，不仅可以实现项目方案的三维快速模拟，直观表达设计方案，更重要的是可以体现协同设计、项目分析、计算模拟、施工模拟、碰撞检查等项目建设的全周期。

采用三维空间视距分析是以后道路设计的重要研究方向。在设计阶段，应用三维分析方法，对道路的线形、路侧环境、横断面及其他交通安全设施进行检验，可以及时找出不安全因素并对其进行改善。

第四节　全发光指路标志

根据《中华人民共和国道路交通安全法》第二十五条规定，道路交通标志属于交通信号的一种，必须能够清晰视认。"基于大规格反光面板的 LED 背投式全发光指路标志"，创新性地满足了相关法律法规的基本要求。夜间行驶车辆，驾驶人仅依靠现状指路标志反光膜在近光灯下难以辨识，这时就要开启远光灯，而开启远光灯易造成对向车辆驾驶员眩目，从而引发交通事故；若不开启远光灯，反光膜的识认距离和角度都将影响驾驶人辨识指路信息。

全发光指路标志新技术的应用，使驾驶人不需要靠汽车灯光的照射来反光辨识指路信息。这种指路标志白天作为正常的指路标志使用，夜间在原反光膜的基础上，本身就可以主动发光、反光。夜间行车，驾驶人不再受反射角度的限制，不开启远光灯也照样能清晰地辨识百米以外的指路信息。另外，遇到雾霾、雨雪等能见度较低的恶劣天气时，这种全版面发光、反光交通标志也可以大大提高指路信息的可辨识度。

第五节　温拌沥青混合料技术

温拌沥青混合料技术是指通过物理或化学方法，使沥青混合料拌及和施工温度比热拌沥青混合料降低 30 ~ 50℃，且能保证其强度、耐久性及使用性能与热拌沥青混合料相似的一种生产工艺。

温拌沥青混合料技术可降低沥青混合料拌和、施工过程中的能耗和污染，具有良好的低碳环保的特点，社会经济效益显著。同时，由于拌和温度降低，可降低混合料拌和及施工过程中的沥青老化，利于混合料压实，降低施工温度，是一项应用前景较好的新技术、新工艺。这种技术可应用于人口密集的城镇道路、低温施工条件、黏度较高的改性沥青路面。

与热拌沥青混合料技术相比，采用温拌沥青混合料技术具有以下几个显著优势：一是可降低施工过程中沥青烟等有害气体对周边环境的影响；二是可以延长沥青面层施工季节，解决工期紧、管线交叉施工、交通调流等制约因素带来的不利影响；三是由于 SMA 混合料、SBS 改性沥青混合料沥青黏度高，采用温拌技术后可降低施工温度，减少老化，利于施工压实，提高路面压实度和耐久性；四是沥青混合料拌和温度的降低，可大幅降低混合料生产过程中的能耗。

目前，该技术在胶州湾海底隧道及 2014 年青岛世界园艺博览会中均已获得成功经验。采用温拌沥青混合料技术铺设路面表层，可大大减少沥青烟的排放，缩短施工时间，可将对周边道路的影响降至最低，同时也符合青岛市绿色低碳的区域环境定位。

第六节　小净距公路隧道施工风险控制研究

随着我国公路建设的快速发展，公路隧道建设的数量也日益增多，小净距隧道作为一种新兴的隧道结构形式，以其特有的优势越来越多地被采纳推广。然而，这类隧道结构形式有其特殊性，洞口段浅埋围岩稳定性差、双洞间小净距作业面施工干扰严重，极易发生隧道洞顶沉陷、洞身失稳破坏等事故，造成人员伤亡和经济损失。鉴于此，有针对性地开展该类隧道施工风险控制研究，建立相应的安全风险控制体系和预控措施，可及时有效地应对施工过程中遇到的各类风险，确保施工安全和避免经济损失，对减少小净距隧道施工风险具有重要意义。

第十一章

《《《 项目效果

第一节　经济效益

城市地下隧道属于大型市政基础设施，其经济效益主要体现在节约通行时间、降低燃油消耗等方面。通过建设前后交通运行状况模拟，珠江路隧道项目建成通车后，车辆通过节点的通行时间和燃油消耗大幅下降，区域人员交流加快，物资周转加速，出行成本大幅降低，增加了各行业的经济效益。同时，项目建设还具有改善区域交通、土地升值、环境提升等经济效益。

另外，地下停车场在不额外占用地块容积率的前提下，满足了校区人员的快速停车需求，减少了绕行和远距离停放造成的时间和经济的浪费。

第二节　社会效益

珠江路连通项目作为"向地下要空间"的有力践行，是一种高效集约用地模式，以地道形式横穿整个中国石油大学（华东），完善了新区主干路网，助力了新区发展。

该项目的建设将有效分担滨海大道、长江路的交通压力，进一步完善了西海岸新区的路网功能，实现了西海岸新区东西区干线路网的快速、便捷衔接；同时，该项目的建设提升了周边到发交通疏解效率，提高了出行的便利性，社会效益显著，为西海岸新区发展提供了有力保障。

地下停车场的便捷使用极大地提升了中国石油大学（华东）师生的幸福指数，大家不再为停车难而苦恼；游泳馆的建设不仅实现了中国石油大学（华东）师生多年的心愿，建成后也将面向社会开放，满足市民运动需求。

第三节　盖挖法的推广应用价值

在市中心实施的地下隧道建设，施工期间受干扰因素较多，如受周边建筑影响施工空间受限、城市交通严重干扰隧道开挖等，因此在这些区域采用盖挖法比常规明挖法有明显优势。该施工工法占用道路空间少，占用时间短，不会对区域交通造成大规模影响。

为保证中国石油大学（华东）的正常教学，项目组通过多轮方案论证，决定采用"空间换时间"的方式，采用盖挖法实施地下隧道。该项目利用高校寒暑假窗口期，完成盖板体系施工，恢复校内路面交通，降低了对高校日常教学的干扰。

因此，对位于城市建成区的市政项目，此方法极具推广价值。

第四节　生态保护、节能、可持续发展方面的效果

该项目位于中国石油大学（华东）校区，景观要求高，需结合周围地理环境和已建成地块情况综合考虑，使项目与景观环境相协调，同时提升区域环境整体出行品质。

该项目模拟景观范围地表径流，进而通过设置透水铺装、下凹绿地等措施，对硬化区域的径流进行渗透、调蓄、净化；设置雨水调蓄池，用以绿地灌溉，实现对雨水的综合利用。同时，合理设置便捷的人行空间、口袋公园、健身广场。

珠江路地下通道整体呈现"西南偏西、东北偏东"的方向布置，隧道出入口主要受太阳西晒的影响，在设计中综合考虑日照等环境对驾驶的影响，开展日照模拟，分析日照时间及遮阴程度，通过遮光率分析计算结果确定雨篷设计方案。

同时，采用 DIALUX 灯光模拟软件在隧道内进行功能性照明模拟，确定隧道内路面照度指标。采用 LUMION 进行夜景效果仿真，对雨篷异形钢结构进行亮化提升。

以上这些措施，在生态保护、节能、可持续发展等方面，都取得了不错的效果，值得推广和借鉴。